ChatGPT

Midjourney

文心一格

剪映

AI绘画+AI电商广告制作
从入门到精通

新镜界 编著

中国水利水电出版社
www.waterpub.com.cn
·北京·

内 容 提 要

如今 AI 绘画技术发展迅速，其不仅功能强大，而且应用效率极高。那么如何将其应用到电商产品的广告制作中呢？例如，如何借助 AI 绘画制作商品的主图广告、详情页说明，如何生成想要的模特图片、制作理想中的视频效果呢？

本书分为两条脉络帮助读者快速成为 AI 电商广告制作高手，进而打造爆款产品。

第一条脉络是制作工具，介绍电商广告设计的四大 AI 创作工具，即 ChatGPT、Midjourney、文心一格和剪映，帮助读者快速精通 AI 电商广告制作。

第二条脉络是效果案例，包括 LOGO 设计、网店招牌、促销方案、商品包装、电商海报、主图广告、详情页说明、模特展示和视频制作广告案例，并配有详细的教学视频，读者可以边学边做。

本书结构清晰，案例丰富，适合各电商平台想运用 AI 绘画进行商品广告制作的设计师、美工或者电商商家学习参考。本书也可作为电子商务相关专业的教材，还可作为文案师、插画师、短视频编导、艺术工作者等人员的 AI 绘画参考书。

图书在版编目（CIP）数据

AI绘画+AI电商广告制作从入门到精通 / 新镜界编著.
—北京：中国水利水电出版社，2024.5
ISBN 978-7-5226-2411-2

Ⅰ．①A… Ⅱ．①新… Ⅲ．①图像处理软件 Ⅳ.
① TP391.413

中国国家版本馆 CIP 数据核字 (2024) 第 074570 号

书　　名	AI绘画+AI电商广告制作从入门到精通
	AI HUIHUA + AI DIANSHANG GUANGGAO ZHIZUO CONG RUMEN DAO JINGTONG
作　　者	新镜界　编著
出版发行	中国水利水电出版社
	（北京市海淀区玉渊潭南路1号D座 100038）
	网址：www.waterpub.com.cn
	E-mail：zhiboshangshu@163.com
	电话：（010）62572966-2205/2266/2201（营销中心）
经　　售	北京科水图书销售有限公司
	电话：（010）68545874、63202643
	全国各地新华书店和相关出版物销售网点
排　　版	北京智博尚书文化传媒有限公司
印　　刷	河北文福旺印刷有限公司
规　　格	170mm×240mm　16开本　13印张　313千字
版　　次	2024年5月第1版　2024年5月第1次印刷
印　　数	0001—3000册
定　　价	79.80元

凡购买我社图书，如有缺页、倒页、脱页的，本社营销中心负责调换
版权所有·侵权必究

前　言

AI（Artificial Intelligence，人工智能）是数字化技术发展的产物，目前在文案、绘画、视频制作和电商广告设计等多个领域中 AI 都取得了突破性的进展。因此，要跟上时代的步伐，更好地进行创新，就很有必要掌握 AI 的相关技术，将 AI 应用到日常的生活和工作中。

本书将探索如何应用 AI 进行文案、绘画和视频创作，讲解 AI 在电商广告设计中的应用技巧。无论是设计师、美工、电商商家，还是文案师、插画师、短视频编导、艺术工作者，或是美术、设计、计算机科学与技术、电子商务等相关专业的学生，本书都将为您揭示 AI 技术所带来的无限可能性。

本书内容

本书主要分为 3 部分共 14 章，具体内容如下。

一、基础入门

该部分（第 1 章）主要介绍了 AI 和电商广告的基础知识，帮助读者快速了解 AI 绘画和 AI 电商广告制作。

二、制作工具

AI 绘画的制作需要借助特定的工具，该部分（第 2~5 章）主要介绍了在 AI 绘画的过程中用到的工具，包括 ChatGPT、Midjourney、文心一格和剪映。

（1）ChatGPT：第 2 章介绍了使用 ChatGPT 生成文案的相关方法，包括 ChatGPT 的基本使用方法、ChatGPT 关键词的提问技巧和 ChatGPT 生成文案的具体步骤。

（2）Midjourney：第 3 章介绍了 Midjourney 绘图技巧，包括 Midjourney 的基本使用方法和 Midjourney 的常用指令。

（3）文心一格：第 4 章介绍了使用文心一格进行绘图的技巧，包括文心一格的基本使用技巧和高级绘图技巧。

（4）剪映：第 5 章介绍了使用剪映制作电商视频广告的技巧，包括使用剪映制作 AI 视频的步骤和解锁剪映 AI 视频的新玩法。

三、效果案例

该部分（第 6~14 章）主要介绍了 AI 在电商广告设计中的具体运用，帮助读者更好地借助 AI 进行网店 LOGO、网店招牌、促销方案、商品包装、电商海报、主图广告、详页说明、模特展示和电商视频的设计与制作。

（1）网店 LOGO：第 6 章主要介绍了网店 LOGO 的设计和制作技巧，包括网店 LOGO 的设计分析、美妆店 LOGO 和钟表店 LOGO 的制作技巧。

（2）网店招牌：第 7 章主要介绍了网店招牌的设计和制作技巧，包括网店招牌的设计分析、水果店店招和珠宝店店招的制作技巧。

（3）促销方案：第 8 章主要介绍了促销方案的设计和制作技巧，包括促销方案的设计分析、家居用品促销方案和数码用品促销方案的制作技巧。

（4）商品包装：第 9 章主要介绍了商品包装的设计和制作技巧，包括商品包装的设计分析、饮料罐和鞋盒的制作技巧。

（5）电商海报：第 10 章主要介绍了电商海报的设计和制作技巧，包括电商海报的设计分析、店铺促销海报和商品推广海报的制作技巧。

（6）主图广告：第 11 章主要介绍了主图广告的设计和制作技巧，包括主图广告的设计分析、玩具主图广告和炊具主图广告的制作技巧。

（7）详页说明：第 12 章主要介绍了详页说明的设计和制作技巧，包括详页说明的设计分析、详页说明的整体图和细节图的制作技巧。

（8）模特展示：第 13 章主要介绍了模特展示的设计和制作技巧，包括模特展示图的设计分析、单肩包模特展示图和项链模特展示图的制作技巧。

（9）电商视频：第 14 章主要介绍了电商视频的设计和制作技巧，包括电商视频广告的设计分析、零食和生鲜种草视频的制作技巧。

本书特色

1. 配套实例视频讲解，手把手教你学习

本书配备了 123 个实例的同步讲解视频，读者可以边学边看，如同老师在身边手把手教学，帮你轻松高效地学习。

2. 扫一扫二维码，随时随地看视频

本书在每个实例处都添加了二维码，使用手机扫一扫，可以随时随地在手机上观看教学视频。

3. 内容全面，短期内快速上手

本书知识体系完整，涵盖了常用的 AI 工具和 AI 在电商广告制作领域的综合应用，采用"知识点＋实操"的模式编写，循序渐进地教学，让读者轻松学习，快速上手。

4. 提供实例素材，配套资源完善

为了方便读者对本书实例的学习，本书提供了书中实例的关键词、素材文件和效果文件，帮助读者掌握本书中实例的创作思路和制作方法，查看效果与对比学习。

特别提示

（1）版本更新：本书在编写时，是基于当前各种 AI 工具和软件的界面截取的实际操作图片，但本书从编辑到出版需要一段时间，这些工具的功能和界面可能会有所变动，在阅读时，请根据书中的思路举一反三地进行学习。其中，ChatGPT 为 3.5 版本，Midjourney 为 5.2 版本，

剪映电脑版为 4.4.0 版本。

（2）关键词的使用：在 Midjourney 中，尽量使用英文关键词，对于英文单词的格式没有太多要求，如首字母大小写不用统一、语法不用太讲究等。但需要注意的是，每个关键词中间最好添加空格或逗号，同时所有的标点符号均使用英文字体。

最后再提醒一点，即使是相同的提示词，平台每次生成的图像效果也会有差别，这是软件基于算法与算力得出的新结果，是正常的，所以读者看到书里的截图与视频会有所区别，包括读者使用同样的提示词，自己再制作时，生成的效果也会有差异。

资源获取

本书提供实例的素材文件和效果文件，读者使用手机微信扫一扫下面的公众号二维码，关注后输入 A2411 至公众号后台，即可获取本书相应资源的下载链接。将该链接复制到计算机浏览器的地址栏中（一定要复制到计算机浏览器的地址栏中），根据提示进行下载。读者可加入本书的读者交流圈，与其他读者学习交流，或查看本书的相关资讯。

设计指北公众号

读者交流圈

本书由新镜界编著，参与编写的人员还有高彪等人，在此一并表示感谢！由于作者知识水平有限，书中难免存在疏漏之处，敬请广大读者批评、指正。

编　　者

目　录

第 1 章　基础入门：了解 AI 绘画和电商广告制作 001

1.1　从零开始认识 AI 绘画 002

　　1.1.1　什么是 AI 绘画 002

　　1.1.2　AI 绘画的意义 003

　　1.1.3　如何看待 AI 绘画 003

　　1.1.4　AI 绘画的特点 004

1.2　快速了解 AI 电商广告制作 006

　　1.2.1　AI 电商广告制作的主要作用 006

　　1.2.2　AI 电商广告制作的要素和流程 008

　　1.2.3　AI 技术在电商广告制作中的应用 008

　　1.2.4　AI 电商广告制作中的关键步骤 009

　　1.2.5　AI 电商广告的发展趋势预测 010

第 2 章　文案生成：熟悉 ChatGPT 的使用方法 012

2.1　掌握 ChatGPT 的基本使用方法 013

　　2.1.1　使用 ChatGPT 进行对话 013

　　2.1.2　使用 ChatGPT 模仿写作 014

　　2.1.3　使用关键词生成内容的技巧 015

　　2.1.4　使用 ChatGPT 进行有效提问 017

　　2.1.5　使用温度指令提升 ChatGPT 的灵活性 018

2.2　学习 ChatGPT 关键词的提问技巧 019

　　2.2.1　使用背景描述定义身份 019

　　2.2.2　使用数字获得满意答案 021

　　2.2.3　使用正确问法获取准确信息 021

　　2.2.4　使用关键词拓宽思维广度 022

2.3　了解 ChatGPT 生成文案的具体步骤 023

　　2.3.1　使用 OpenAI 准备数据 023

　　2.3.2　使用 Transformer 预设模型 023

2.3.3 使用多种方法训练模型..024

2.3.4 使用得到的模型生成文本..024

第 3 章 绘图玩法：掌握 Midjourney 的 AI 技术...025

3.1 了解 Midjourney 的基本使用方法...026

3.1.1 使用 Midjourney 创建服务器..026

3.1.2 使用 Midjourney 添加 Midjourney Bot.................................027

3.1.3 使用文字在 Midjourney 中进行绘画....................................029

3.1.4 使用 U 按钮快速对绘画作品进行调整................................030

3.1.5 使用 V 按钮快速对绘画作品进行调整................................030

3.1.6 使用 Midjourney 获取图片的关键词....................................031

3.1.7 使用以图生图在 Midjourney 中进行绘画.............................032

3.1.8 使用混合指令在 Midjourney 中进行绘画.............................033

3.2 掌握 Midjourney 的常用指令..035

3.2.1 使用 ––ar 指令设置图片比例...035

3.2.2 使用 ––chaos 指令激发创造力..036

3.2.3 使用 ––no 指令控制画面的内容...037

3.2.4 使用 ––stylize 指令提升画面艺术性....................................038

第 4 章 轻松制作：活用文心一格的 AI 绘图...041

4.1 了解文心一格的基本使用技巧...042

4.1.1 使用文心一格之前先注册...042

4.1.2 使用系统推荐的模式绘图...043

4.1.3 使用画面类型功能确定风格...044

4.1.4 使用其他功能对出图进行设置...045

4.2 掌握文心一格的高级绘图技巧...046

4.2.1 使用自定义功能进行绘图...046

4.2.2 使用参考图生成类似的图片...047

4.2.3 使用关键词自定义图片风格...048

4.2.4 使用修饰词提升出图的质量...049

4.2.5 使用关键词模拟艺术家的风格...050

4.2.6 使用设置功能减少内容的出现频率..................................051

第 5 章 AI 视频：使用剪映制作电商广告...053

5.1 使用剪映制作 AI 视频的步骤..054

5.1.1 使用 ChatGPT 生成关键词..054

5.1.2 使用 Midjourney 绘制宣传图...055

5.1.3 使用剪映制作商品的宣传视频...056

5.2 解锁剪映 AI 视频的新玩法...059

5.2.1 使用文字制作电商广告视频...059

5.2.2 使用智能抠像替换图像...062

第 6 章 网店 LOGO：制作有辨识度的店标...................................064

6.1 网店 LOGO 的设计分析...065

6.1.1 网店 LOGO 要引人注目...065

6.1.2 网店 LOGO 要符合定位...065

6.1.3 网店 LOGO 要简洁明了...065

6.1.4 网店 LOGO 要具有独特性...066

6.2 美妆店 LOGO 的制作技巧...066

6.2.1 使用 ChatGPT 获取美妆店 LOGO 的外观描述...................067

6.2.2 使用百度翻译得到美妆店 LOGO 的关键词.......................067

6.2.3 使用 Midjourney 生成美妆店 LOGO 的图片.......................068

6.2.4 使用 Midjourney 确定美妆店 LOGO 的风格.......................069

6.2.5 使用 Midjourney 设置美妆店 LOGO 的参数.......................070

6.2.6 使用 Midjourney 调整美妆店 LOGO 的效果.......................071

6.3 钟表店 LOGO 的制作技巧...072

6.3.1 使用 ChatGPT 获取钟表店 LOGO 的外观描述...................072

6.3.2 使用百度翻译得到钟表店 LOGO 的关键词.......................073

6.3.3 使用 Midjourney 生成钟表店 LOGO 的图片.......................073

6.3.4 使用 Midjourney 确定钟表店 LOGO 的风格.......................075

6.3.5 使用 Midjourney 设置钟表店 LOGO 的参数.......................076

6.3.6 使用 Midjourney 调整钟表店 LOGO 的效果.......................076

第 7 章 网店招牌：设计与制作旺铺的店招...................................078

7.1 网店招牌的设计分析...079

7.1.1 设计网店招牌的意义...079

7.1.2 网店招牌的设计要求...079

7.2 水果店店招的制作技巧...080

7.2.1 使用 ChatGPT 获取水果店店招的外观描述.......................080

7.2.2 使用百度翻译得到水果店店招的关键词...........................081

7.2.3 使用 Midjourney 生成水果店店招的图片...........................081

7.2.4 使用 Midjourney 设置水果店店招的参数...........................083

7.2.5 使用 Midjourney 调整水果店店招的效果...........................083

7.2.6 使用后期工具制作水果店店招图片的文案 084

7.3 珠宝店店招的制作技巧 086

7.3.1 使用 ChatGPT 获取珠宝店店招的外观描述 086

7.3.2 使用百度翻译得到珠宝店店招的关键词 087

7.3.3 使用 Midjourney 生成珠宝店店招的图片 087

7.3.4 使用 Midjourney 设置珠宝店店招的参数 088

7.3.5 使用 Midjourney 调整珠宝店店招的效果 089

7.3.6 使用后期工具制作珠宝店店招图片的文案 090

第 8 章 促销方案：促进网店的商品销售 093

8.1 促销方案的设计分析 094

8.1.1 促销方案的设计方法 094

8.1.2 促销方案的设计技巧 094

8.1.3 促销方案的基本类型 095

8.2 家居用品促销方案的制作技巧 098

8.2.1 使用 ChatGPT 获取家居用品的外观描述 098

8.2.2 使用百度翻译得到家居用品的关键词 098

8.2.3 使用 Midjourney 生成家居用品的图片 099

8.2.4 使用 Midjourney 确定家居用品图片的环境 100

8.2.5 使用 Midjourney 设置家居用品图片的参数 102

8.2.6 使用后期工具制作家居用品图片的文案 103

8.3 数码用品促销方案的制作技巧 103

8.3.1 使用 ChatGPT 获取数码用品的外观描述 103

8.3.2 使用百度翻译得到数码用品的关键词 104

8.3.3 使用 Midjourney 生成数码用品的图片 105

8.3.4 使用 Midjourney 确定数码用品图片的环境 106

8.3.5 使用 Midjourney 设置数码用品图片的参数 107

8.3.6 使用后期工具制作数码用品图片的文案 108

第 9 章 商品包装：抓住潜在消费者的目光 109

9.1 商品包装的设计分析 110

9.1.1 商品包装的常见类别 110

9.1.2 商品包装的设计要求 110

9.2 饮料罐的制作技巧 111

9.2.1 使用 ChatGPT 获取饮料罐的外观描述 111

9.2.2 使用百度翻译得到饮料罐的关键词 112

9.2.3 使用 Midjourney 生成饮料罐的图片 113

9.2.4 使用 Midjourney 设置饮料罐图片的参数 114

9.2.5 使用 Midjourney 调整饮料罐的效果 115

9.3 鞋盒的制作技巧 116

9.3.1 使用 ChatGPT 获取鞋盒的外观描述 116

9.3.2 使用百度翻译得到鞋盒的关键词 117

9.3.3 使用 Midjourney 生成鞋盒的图片 118

9.3.4 使用 Midjourney 设置鞋盒图片的参数 119

9.3.5 使用 Midjourney 调整鞋盒的效果 120

第 10 章　电商海报：传达网店的营销信息 122

10.1 电商海报的设计分析 123

10.1.1 平台活动海报设计分析 123

10.1.2 店铺促销海报设计分析 123

10.1.3 商品推广海报设计分析 124

10.2 店铺促销海报制作技巧 124

10.2.1 使用 Midjourney 绘制店铺促销海报的主体 125

10.2.2 使用 Midjourney 添加店铺促销海报的背景 126

10.2.3 使用 Midjourney 选择店铺促销海报的构图方式 127

10.2.4 使用 Midjourney 确定店铺促销海报的风格 128

10.2.5 使用 Midjourney 设置店铺促销海报的参数 129

10.2.6 使用后期工具制作店铺促销海报的文案 130

10.3 商品推广海报制作技巧 130

10.3.1 使用 Midjourney 绘制商品推广海报的主体 130

10.3.2 使用 Midjourney 添加商品推广海报的背景 132

10.3.3 使用 Midjourney 选择商品推广海报的构图方式 133

10.3.4 使用 Midjourney 确定商品推广海报的风格 134

10.3.5 使用 Midjourney 设置商品推广海报的参数 135

10.3.6 使用后期工具制作商品推广海报的文案 136

第 11 章　主图广告：提升消费者的购买意愿 137

11.1 主图广告的设计分析 138

11.1.1 主题鲜明 138

11.1.2 画面美观 139

11.1.3 文案有吸引力 139

11.2 玩具主图广告的制作技巧 140

11.2.1 使用 Midjourney 绘制玩具主图的主体 141

11.2.2 使用 Midjourney 添加玩具主图的背景 142

11.2.3　使用 Midjourney 选择玩具主图的构图方式 143

11.2.4　使用 Midjourney 确定玩具主图的风格 144

11.2.5　使用 Midjourney 设置玩具主图的参数 145

11.2.6　使用后期工具制作玩具主图的文案 146

11.3　炊具主图广告的制作技巧 146

11.3.1　使用 Midjourney 绘制炊具主图的主体 146

11.3.2　使用 Midjourney 添加炊具主图的背景 148

11.3.3　使用 Midjourney 选择炊具主图的构图方式 149

11.3.4　使用 Midjourney 确定炊具主图的风格 150

11.3.5　使用 Midjourney 设置炊具主图的参数 151

11.3.6　使用后期工具制作炊具主图的文案 152

第 12 章　详页说明：展示在售商品的卖点
.......................153

12.1　详页说明的设计分析 154

12.1.1　详页说明的设计思路 154

12.1.2　详页说明的展示方式 154

12.1.3　详页说明的展示内容 155

12.2　详页说明的整体图制作技巧 155

12.2.1　使用 Midjourney 生成整体图的主体 156

12.2.2　使用 Midjourney 添加整体图的背景 157

12.2.3　使用 Midjourney 选择整体图的构图方式 158

12.2.4　使用 Midjourney 设置整体图的参数 159

12.2.5　使用后期工具制作整体图的文案 160

12.3　详页说明的细节图制作技巧 161

12.3.1　使用 Midjourney 生成细节图的主体 161

12.3.2　使用 Midjourney 添加细节图的背景 162

12.3.3　使用 Midjourney 选择细节图的构图方式 163

12.3.4　使用 Midjourney 设置细节图的参数 164

12.3.5　使用后期工具制作细节图的文案 165

第 13 章　模特展示：为你的商品增光添色
.........................166

13.1　模特展示图的设计分析 167

13.1.1　做好模特信息的收集 167

13.1.2　生成的模特要有真实感 167

13.1.3　模特与商品之间要相互关联 167

13.2　单肩包模特展示图的制作技巧 168

13.2.1　使用 ChatGPT 获取单肩包模特的形象 168

13.2.2 使用百度翻译得到模特形象的关键词.......................................169

13.2.3 使用 Midjourney 生成单肩包的模特图.......................................169

13.2.4 使用 Midjourney 合成模特背包的图片.......................................171

13.2.5 使用 Midjourney 调整模特背包的图片.......................................172

13.2.6 使用后期工具制作模特背包图的文案.......................................174

13.3 项链模特展示图的制作技巧.......................................174

13.3.1 使用 ChatGPT 获取项链模特的形象.......................................175

13.3.2 使用百度翻译得到模特形象的关键词.......................................175

13.3.3 使用 Midjourney 生成项链的模特图.......................................176

13.3.4 使用 Midjourney 合成模特戴项链的图片.......................................177

13.3.5 使用 Midjourney 调整模特戴项链的图片.......................................178

13.3.6 使用后期工具制作模特戴项链图的文案.......................................180

第 14 章 电商视频：使用图文生成动态广告.......................................181

14.1 电商视频广告的设计分析.......................................182

14.1.1 获取高质量的素材.......................................182

14.1.2 充分展示种草的商品.......................................182

14.1.3 保证视频的清晰美观.......................................182

14.1.4 做好后期的剪辑加工.......................................182

14.2 零食种草视频制作技巧.......................................183

14.2.1 使用 ChatGPT 获取零食种草视频的标题.......................................183

14.2.2 使用 ChatGPT 获取零食种草视频的正文.......................................183

14.2.3 使用剪映一键生成零食种草视频的内容.......................................184

14.2.4 使用剪映对零食种草视频进行剪辑加工.......................................185

14.2.5 使用剪映快速导出零食种草视频.......................................187

14.3 生鲜种草视频制作技巧.......................................188

14.3.1 使用 Midjourney 获取生鲜种草视频的素材.......................................188

14.3.2 使用剪映选择生鲜种草视频的视频模板.......................................189

14.3.3 使用剪映导入生鲜种草视频的图片素材.......................................190

14.3.4 使用剪映快速生成生鲜种草视频的内容.......................................191

14.3.5 使用剪映对生鲜种草视频进行剪辑加工.......................................193

基础入门：
了解 AI 绘画和电商广告制作

第 1 章

◀》 本章要点

对于 AI 绘画和电商广告制作，本章将从基础内容开始讲起，介绍 AI 绘画和电商广告制作的一些基础知识，帮助读者快速入门。

1.1 从零开始认识 AI 绘画

AI 绘画是指利用 AI 技术（如神经网络、深度学习等）进行绘画创作的过程。AI 绘画是由一系列算法设计出来的，其通过训练和输入数据，进行图像生成与编辑。

可以将 AI 技术应用到艺术创作中，让 AI 程序去完成图像的绘制。通过这项技术，计算机可以学习艺术风格的相关知识，并使用这些知识来创造全新的艺术作品。本节将介绍 AI 绘画的一些基础知识，带领读者从零开始认识 AI 绘画。

1.1.1 什么是 AI 绘画

AI 绘画是一种新型的绘画方式，通过学习人类艺术家创作的作品，并对其进行分类与识别，然后生成新的图像。用户只需输入简单的指令，就可以让 AI 自动化地生成各种类型的图像，从而创造出具有艺术美感的绘画作品，如图 1.1 所示。

图 1.1 AI 绘画作品

AI 绘画主要分为两步：第一步是对图像进行分析与判断；第二步是对图像进行处理和还原。借助 AI，用户只需输入简单易懂的文字，就可以在短时间内得到一张效果不错的图像，甚至还能根据自身要求对图像进行调整，获得更加满意的绘画效果，如图 1.2 所示。

图 1.2　调整前后的画面

1.1.2　AI 绘画的意义

　　AI 绘画的意义在于它不仅改变了艺术创作的方式，也让更多的人能够享受到艺术的美好。与传统的艺术创作不同，AI 绘画的过程和结果依赖于计算机技术和算法，它可以为人们带来全新的艺术体验。例如，在生成电商广告类的绘画作品时，用户可以在 AI 工具中输入关键词，设置艺术家风格，让 AI 绘画作品拥有全新的视觉效果和审美体验。

　　另外，AI 绘画也能够降低绘画的门槛，提高绘画的效率。例如，在 AI 绘画技术诞生以前，要绘制电商广告图是比较麻烦的，而且通常需要花费较长的时间；然而借助 AI 绘画，用户只需输入关键词，便可以在短短几分钟内绘制出电商广告图。甚至还可以借助 AI 工具，将文字或图片转换为电商广告视频，快速提高自身的工作效率。

1.1.3　如何看待 AI 绘画

　　近年来，AI 绘画变得越来越流行，通过使用先进的算法，AI 绘画能够快速绘制出精美的图片，如图 1.3 所示。

　　虽然使用 AI 绘制的作品看起来像是人类艺术家创作出来的，但有些作品仍然存在着瑕疵，如有的人物缺失了部位，而有的人物则多了部位，如图 1.4 所示。不过，随着 AI 绘画技术的不断进步，其创作能力也在不断提升。

图 1.3　用 AI 绘画技术绘制的精美图片

图 1.4　AI 绘画生成的有缺陷的人物

AI 绘画的便利与高生产效率是毋庸置疑的，它可以为我们带来更多的艺术体验。随着技术的不断发展，AI 绘画将成为人们生活中不可或缺的一部分。

AI 绘画作品更像是一种流水线的产物，只是这条流水线有着很多的分支和不同走向，让人们误以为这是其独特性的表现。

但 AI 本质上依然是工业产品，通过输入关键信息来搜索和选择用户需要的结果，用最快的方式和最低的成本从庞大的数据库中找出匹配度相对较高的资源，创作出新的作品。所以，AI 绘画只是降低了重复学习的成本，它所创作出的作品与真正的艺术作品还有着较大的差距。

1.1.4　AI 绘画的特点

近年来，AI 技术的发展改变了人们的生活方式和生产方式。在绘画领域，AI 技术也被广泛应用，促进了绘画技术的快速发展。相较于传统绘画技术，AI 绘画具有许多独有的特点，如效率高、高度逼真、可定制性强、可迭代性强、容易保存和传播等，这些特点不仅提高了作品的质量和绘画效率，还为绘画师和用户带来了全新的体验。

1. 效率高

利用 AI 技术，AI 绘画的大部分工作都可以自动进行，从而提高了出片效率。同时，对于一些重复性的任务，AI 绘画可以取代人力完成，减少资源浪费，从而节省大量的人力成本和时间成本。

AI 绘画工具主要借助计算机的 GPU（Graphics Processing Unit，图形处理器）等硬件加速设备，在较短的时间内实现机器绘图的功能，并且可以实时预览绘图效果。例如，使用专用的 AI 绘图工具 Midjourney 生成绘画作品，可能只需不到一分钟的时间，如图 1.5 所示。

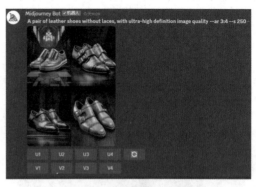

图 1.5　Midjourney 可以快速生成图片

2. 高度逼真

AI 绘画通过计算机算法和深度学习模型自动生成图像。它基于大量的数据和强大的算法生成高度逼真的作品，如图 1.6 所示。在图像生成方面，它可以为缺失的部分补全细节，快速生成高清晰度的图像，也可以进行风格转换和图像重构等操作。

（a）真实图片　　　　　　　　　　（b）AI 图片

图 1.6　高度逼真的 AI 绘画作品

3. 可定制性强

AI 绘画技术基于深度学习和神经网络等算法，具有可定制性强的特点，能够通过大量训练数据来不断优化和改进绘画效果，如图 1.7 所示。

图 1.7　通过 AI 绘画技术优化和改进绘画效果

AI 绘画技术可以适应各种场景和需求，甚至可以根据用户的个性化偏好进行定制，使得绘画作品更加符合用户的期望。AI 绘画技术还可以通过 AI 模拟各种艺术风格和创作规则，从而生成新颖、富有创意的绘画作品。

4. 可迭代性强

AI 绘画技术具有可迭代性强的特点，这主要是因为它是基于机器学习算法进行训练和优化的。这种技术可以通过大量数据集的输入和处理来不断学习和提高自己的准确性和工作效率。

随着数据集和算法的不断丰富和完善，AI 绘画技术可以逐步实现更加复杂、高级的任务，如人脸识别、场景还原等。同时，随着硬件设备的升级和优化，AI 绘画技术也能够更好地发挥出自身的潜力，并创造出更加优秀的作品，不断满足用户对于高质量影像的需求。

5. 容易保存和传播

AI 绘画技术得益于数字化技术的发展和普及，具有易于保存和传播的特点。通过 AI 生成的数字图片可以轻松地保存在各种媒体上，如电脑本地保存、云端存储等，无须担心像胶卷照片一样受到湿度、温度等因素的影响而损坏。

例如，使用 AI 绘图工具 Midjourney 生成一张绘画作品之后，可以单击生成的绘画作品，如图 1.8 所示。

执行操作后，在放大的绘画作品中右击，弹出快捷菜单，如图 1.9 所示。可以通过选择快捷菜单中的对应选项，对绘画作品进行复制、另存为等操作，将绘画作品保存到对应的位置。

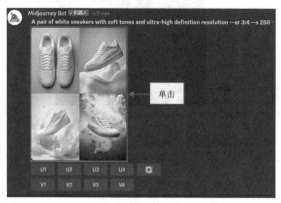

图 1.8　单击生成的绘画作品

图 1.9　快捷菜单

同时，数字化图片也方便了人们进行社交分享，如通过社交媒体、邮件等方式与他人分享自己的作品。另外，AI 技术还可以使图片更容易被搜索和分类，如利用图像识别技术对图片中的内容进行分析和标记，从而方便用户根据关键词或标签查找和浏览自己所需的图片。

1.2　快速了解 AI 电商广告制作

AI 电商广告制作是指利用 AI 技术来创建和优化电商广告内容的过程。它结合了广告制作和机器学习等技术，对整个广告行业的发展产生了深远的影响，提高了广告的效果和用户体验。本节将介绍与 AI 电商广告制作相关的理论和技术，帮助大家快速了解 AI 电商广告制作。

1.2.1　AI 电商广告制作的主要作用

随着互联网和移动技术的迅速发展，电子商务行业呈现出快速增长的趋势，越来越多的企业将线下业务转移到线上平台。在这样的背景下，广告成为企业获取用户关注和推动销售的重要手段。

传统的广告制作过程通常需要大量的人力和时间成本，而 AI 技术则可以让电商广告的制作更加简单、高效。下面介绍 AI 电商广告制作的主要作用。

1. 展示店铺的信息

AI 电商广告制作可以起到展示店铺信息的作用。通常来说，创建一个网上店铺（即网店）需要设定自己店铺的名称、独具特色的 LOGO 以及区别于其他店铺的色调和视觉风格。对此，可以借助 AI 绘制相关的图片，更好地展示店铺的相关信息。图 1.10 所示为 AI 绘制的店铺LOGO。

图 1.10　AI 绘制的店铺 LOGO

2. 展示商品的信息

从网店的首页中，消费者能够获得的信息有限，鉴于网络营销的特点，商家都会为单个商品的展示提供单独的平台，即商品详情页面的说明（详页说明）。

详页说明的信息直接影响到商品的销售和转换率，消费者往往是因为直观、权威的信息而产生购买的欲望。通过 AI 对详页说明进行设计，可以让消费者更加直观明了地掌握商品信息，进而提升消费者的购买意愿。

图 1.11 所示为使用 AI 技术为某款鞋子的详页说明绘制的展示图。

图 1.11　使用 AI 技术为某款鞋子的
详页说明绘制的展示图

3. 突出商品的特色

除了展示商品的整体外观外，还可以借助 AI 来绘制商品的细节图，通过细节展示突出商品的特色，让消费者在看到商品的细节之后，更愿意下单购买。图 1.12 所示为 AI 绘制的商品细节图。

图 1.12　AI 绘制的商品细节图

1.2.2　AI 电商广告制作的要素和流程

要制作电商广告，首先需要明确广告的受众，通过市场调研和数据分析，确定目标受众的特征、兴趣和购买行为等。这有助于针对性地传达广告信息，并提高广告内容的相关性和吸引力。

AI 技术可以应用于图像生成、视频编辑和文案创作等环节。根据创意策划，进行广告内容的制作，以提高制作效率和创意质量。用户需要选择合适的广告平台和媒体进行投放，包括搜索引擎广告、社交媒体广告、电子邮件营销以及网站横幅广告等，并根据目标受众的行为和偏好，选择适当的投放渠道和广告形式。

投放广告后，需要进行数据监测和分析，以评估广告效果并进行优化和调整。通过跟踪关键指标（如点击率和转化率）了解广告的表现，并根据 AI 提供的数据信息优化广告投放策略。

根据数据分析的结果，对广告进行优化和调整，修改广告的内容并调整投放策略，最后改进目标受众定位。优化是一个持续的过程，通过不断的调整和改进以提高广告的效果和回报率。

需要注意的是，电商广告制作的具体流程可能会因企业和广告类型的不同而有所差异，用户需要根据实际情况灵活优化和调整电商广告的制作流程。

1.2.3　AI 技术在电商广告制作中的应用

AI 可以根据大量的数据生成创意和内容，它可以分析广告受众的偏好和行为，并根据这些信息生成个性化、吸引人的广告创意。AI 技术可以极大地提高创意生成的效率和质量，帮助企业更好地与目标用户进行互动和连接，加强与消费者的情感连接，提高消费者的购买意愿。

AI 绘画的技术原理主要是生成对抗网络（Generative Adversarial Networks，GAN），它是一种无监督学习模型，可以模拟人类艺术家的创作过程。生成对抗网络由两个主要的神经网络组成，即生成器和判别器，其可以用于生成逼真的图像和视频。

在电商广告制作中，可以利用 AI 生成图像和视频来展示商品、场景模拟和动画效果等。这可以减少对实际拍摄和后期制作的依赖，进而提高制作效率并降低成本。图 1.13 所示为 AI 生成的商品效果展示图。

图 1.13　AI 生成的商品效果展示图

1.2.4 AI 电商广告制作中的关键步骤

AI 电商广告制作涉及许多关键步骤，包括用户画像和数据分析、广告创意生成、广告效果评估等，下面将分别进行介绍。

1. 用户画像和数据分析

用户画像是指对用户进行详细描述和分类的方法。通过收集和分析用户的个人信息、行为数据、兴趣爱好等，将用户分为不同的群体或类型，以便更好地了解用户的需求、行为模式和偏好等。

数据分析是指利用各种技术和工具，对收集的数据进行处理、转化和分析的过程。数据分析有助于揭示数据中的趋势和关联性，以获取有用的信息。

用户画像用于广告定向投放，通过分析用户的个人信息和行为数据，如年龄、性别、地理位置、兴趣爱好等，可以将用户归类为不同的群体。这些用户画像信息可以帮助用户更加精准地选择目标受众，并将广告投放给与其商品或服务相关的潜在用户群体。

数据分析用于广告效果评估，通过对广告投放过程中的数据进行分析，可以评估广告的效果和回报。数据分析可以帮助用户了解广告的表现情况，优化广告策略和创意内容，以提高广告的效果和投资回报率。

综上所述，用户画像和数据分析在广告领域扮演着重要角色。通过对用户进行细致的画像和对广告数据的深入分析，可以实现精准的广告定向投放，从而提升广告的效果和投资回报率。

2. 广告创意生成

广告创意生成是生成电商广告的一个关键步骤，而 AI 在这方面发挥着重要的作用。通过机器学习和自然语言处理技术，AI 能够分析大量的市场数据和消费者信息，为广告创意提供有价值和创造性的建议。

此外，AI 还可以通过生成算法和模型自动生成广告文案、图像和视频等元素。它能够识别消费者的喜好和产品特点，并以创新的方式将它们融合在一起，产生引人注目的广告内容。

AI 的参与不仅提供了更快速和更高效的广告创意生成，还带来了更大的创意空间和个性化的营销策略。在广告创意生成中，AI 可以制作出更具创造力和影响力的广告作品。

3. 广告效果评估

广告效果评估是为了了解广告活动对目标受众产生的影响。AI 在广告效果评估中发挥着重要的作用，通过数据分析和机器学习技术，提供客观、准确和实时的评估结果。

首先，AI 可以收集和整理与广告相关的数据，如曝光量、点击率、转化率等指标。它能够自动分析大量的数据，并将其转化为有意义的见解和指导。

其次，AI 可以利用高级算法和模型来评估广告对消费者的行为和情绪的影响。通过自然语言处理和情感分析，AI 可以识别用户在社交媒体和评论中对广告的反馈，从而了解广告在目标受众群体中引起的积极或消极的情绪。

最后，AI 还可以进行广告效果的预测。通过历史数据和机器学习算法，AI 可以建立模型来预测广告在不同渠道和目标受众群体中的效果，从而优化广告投放策略和预算分配。

综上所述，AI 在广告效果评估中能够提供更准确、更全面的数据分析和预测能力，帮助用户更好地了解广告产生的效果和影响，并作出相应的优化和决策。

1.2.5 AI 电商广告的发展趋势预测

AI 技术在电商广告制作中可以提升用户体验，增加广告的吸引力和转化率。随着 AI 技术的不断进步和广告行业的创新探索，未来电商广告制作将更加注重智能化、个性化和沉浸式体验，从而为用户带来更愉悦和便捷的购物体验。

本小节将介绍 AI 技术在电商广告制作中的创新应用和电商广告制作的未来发展方向，使读者更好地了解 AI 电商广告的制作。

1. AI 技术在电商广告制作中的创新应用

AI 技术在电商广告制作中可以提高电商广告的制作效率。下面介绍 AI 技术在电商广告制作中的创新应用，如图 1.14 所示。

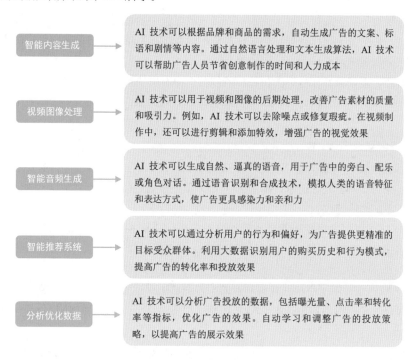

图 1.14　AI 技术在电商广告制作中的创新应用

这些创新应用使得电商广告的制作更具创意，帮助广告人员更好地与目标受众群体进行互动，并提升广告的传播效果和品牌影响力。

2. 电商广告制作的未来发展方向

随着 AI 技术的不断发展，AI 电商广告制作将在多个行业中获得发展。AI 的媒介渠道会让不同类型的营销人员越来越倾向于将商品、消费者体验和广告体验捆绑在一起，通过 AI 技术推动电商广告制作向更智能化和更便利化的方向发展。下面介绍 AI 电商广告制作的未来发展方向，如图 1.15 所示。

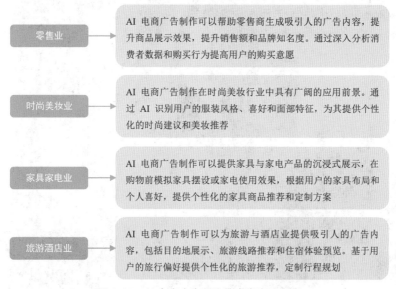

图 1.15 AI 电商广告制作的未来发展方向

文案生成：
熟悉 ChatGPT 的使用方法

第 **2** 章

◀》 **本章要点**

　　使用 ChatGPT 可以生成自然流畅的文案，ChatGPT 的文案生成能力是通过大规模数据训练和模型架构的优化来实现的，可以用于 AI 绘画输入内容的创作。本章将讲解使用 ChatGPT 生成文案的相关知识。

2.1 掌握 ChatGPT 的基本使用方法

ChatGPT 以大量文本数据进行训练，并基于自然语言处理技术进行内容的生成，因此，它可能无法在任何情况下都能提供完全准确的答案。但是，随着时间的推移，ChatGPT 会不断学习和改进，变得更加智能和准确。

本节将介绍 ChatGPT 的一些基本使用方法，通过对这些基本使用方法的掌握，用户可以更好地借助 ChatGPT 生成需要的内容。

2.1.1 使用 ChatGPT 进行对话

扫码看教程

【效果展示】用户注册账号并登录 ChatGPT 之后，只需打开 ChatGPT 的聊天窗口，即可开始进行对话。具体来说，用户可以在聊天窗口中输入任何问题或话题，ChatGPT 将会尝试回答并提供与输入内容有关的信息。在聊天窗口中与 ChatGPT 进行对话的效果如图 2.1 所示。

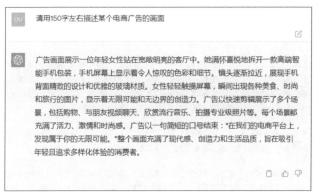

图 2.1　在聊天窗口中与 ChatGPT 进行对话的效果

下面介绍在聊天窗口中与 ChatGPT 进行对话的具体操作方法。

步骤 01　打开 ChatGPT，单击底部的输入框，如图 2.2 所示。

图 2.2　单击底部的输入框

步骤 `02` 输入相应的关键词，如输入"请用 150 字左右描述某个电商广告的画面"，如图 2.3 所示。

图 2.3　输入相应的关键词

步骤 `03` 单击输入框右侧的"发送"按钮 ▶ 或按 Enter 键，ChatGPT 即可根据要求生成相应的内容，具体效果如图 2.1 所示。

扫码看教程

2.1.2　使用 ChatGPT 模仿写作

【效果展示】ChatGPT 可以模仿各种平台或作者的写作风格。用户在输入关键词时，只需告诉 ChatGPT 要模仿的平台或作者的具体风格和特征，ChatGPT 就会尽可能地模仿他们的风格来写作。使用 ChatGPT 模仿抖音写作风格的效果如图 2.4 所示。

图 2.4　使用 ChatGPT 模仿抖音写作风格的效果

下面介绍使用 ChatGPT 模仿抖音写作风格的具体操作方法。

步骤 `01` 在 ChatGPT 中输入"你知道抖音吗"，ChatGPT 给出的回答如图 2.5 所示。这一步的目的是让 ChatGPT 更好地定位文案的受众和风格。

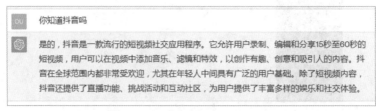

图 2.5　"你知道抖音吗"的回答

步骤 02 在 ChatGPT 中输入"抖音的商品种草内容有哪些特点"，ChatGPT 给出的回答如图 2.6 所示，可以看到 ChatGPT 列出了抖音商品种草内容的要点。

抖音的商品种草内容有哪些特点

抖音的商品种草内容具有以下特点：

1. 真实性和用户UGC：抖音的商品种草内容通常是由真实用户创作和分享的，具有真实性和可信度。这些内容包括用户自己亲身体验和评价的产品，让其他用户能够感受到实际使用的效果。
2. 短视频形式：抖音是以短视频为主要形式的平台，商品种草内容也以短视频的形式呈现。这种形式的视频通常简洁明了、生动有趣，能够在短时间内快速展示商品的特点和吸引点。
3. 创意和多样性：抖音的用户具有创造力和多样性，他们能够通过视频编辑工具、特效和滤镜等功能创作各种各样的商品种草内容。这些内容可能包括产品试用、使用心得分享、购物推荐、搭配展示等，各具特色。
4. 强调情感和互动：抖音是一个富有情感和互动性的平台，商品种草内容也常常注重情感的表达和互动的呈现。用户可以分享自己对产品的喜爱之情，与观众互动、回答问题，甚至与品牌进行合作或推出专属优惠码等。
5. 推动消费决策：抖音的商品种草内容往往具有一定的推动力，能够影响用户的消费决策。通过生动的展示、用户的亲身体验分享以及一定的购物引导，商品种草内容能够激发用户的购买兴趣和欲望。

总体而言，抖音的商品种草内容具有真实性、短视频形式、创意多样性、情感互动和推动消费决策等特点，为用户提供了一个有趣、互动和启发性的购物体验。

图 2.6 "抖音的商品种草内容有哪些特点"的回答

步骤 03 在 ChatGPT 中输入"用抖音的内容风格撰写一篇 150 字的商品种草文案"，ChatGPT 即可根据抖音的写作风格来生成相应的内容，具体效果如图 2.4 所示。

△ 温馨提示

　　ChatGPT 提供的文案只是基于语言模型训练生成的，用户需要根据具体情况进行进一步修改和优化，以符合特定的要求和标准。同时，使用 ChatGPT 进行文案写作时，用户也需要根据自己的经验和判断，进行适当的调整和改进，提高文案的创意性、准确性和可读性。

2.1.3 使用关键词生成内容的技巧

　　通过 ChatGPT 使用特定的关键词，可以让生成的内容更加符合用户的需求。同时，用户也可以从生成的内容中提炼关键词进行 AI 绘画。

　　用户只需提供与主题相关的关键词，即可让 ChatGPT 更好地理解用户的需求。例如，在 ChatGPT 中输入"假设你是一名商品销售，试用第一人称向顾客推荐某款商品"，ChatGPT 即可根据关键词撰写文案，如图 2.7 所示。

假设你是一名商品销售，试用第一人称向顾客推荐某款商品

嗨，亲爱的顾客朋友们！作为一名热情的商品销售，我非常兴奋地要向你们推荐这款令人惊叹的商品，它将为你带来非凡的体验！

首先，我要说它的外观设计真是太迷人了！每次我拿起它，都感觉拥有了一件艺术品。它的线条流畅，色彩搭配精致，简直就是高级品位的代表。

但是，更重要的是它的功能。相信我，这款商品的性能绝对超出你的想象！它能够轻松解决你的需求，让你的生活更加便利和舒适。我亲自试用了它，真的让我惊喜不已！

它的质量和耐用性也非常出众，让我对它的价值感到非常满意。无论是日常使用还是特殊场合，它都能成为你的得力助手，让你自信地面对各种挑战。

现在，我邀请你点击下方链接，购买这款令人激动的商品。我相信它将成为你生活中的必备良品，为你带来无尽的便利和快乐！

购买链接

如果你对这款商品有任何疑问，我都愿意随时为你解答。作为一名商品销售，我的使命就是为你提供最好的服务和产品。别犹豫了，抓住这个机会，让这款令人心动的商品成为你生活的一部分吧！

注意：以上为第一人称撰写的文案，不代表实际产品存在。购买前请仔细核实商品信息。

图 2.7　使用 ChatGPT 撰写商品销售文案

除了使用特定的关键词外，还可以提供特定的场景和需要用到的关联词。例如，给ChatGPT 设定场景为"你在用洗面奶洗脸"，同时给出关联词"洗完之后感觉清爽了很多，我的要求是突出这款洗面奶的效果"，ChatGPT 即可根据这些关键词生成一篇完整的文案，如图 2.8 所示。

你在用洗面奶洗脸，洗完之后感觉清爽了很多，我的要求是突出这款洗面奶的效果

哇！这款洗面奶真是太神奇了！刚刚我用它洗完脸，感觉简直清爽到了极致！我必须和大家分享这个惊人的效果！

首先，它的质地非常轻盈，像丝绸般柔滑。我将它轻轻地按摩在脸上，立刻感受到了它的清洁功效。每一次洗脸，它都能彻底清除我的肌肤表面的污垢和油脂，一切都没有任何负担。

而最让我惊喜的是洗后的感觉！我的皮肤清爽得仿佛焕发了新生。它完美平衡了我的肌肤，不仅深层清洁，还补充了水分，让我的脸庞充满活力。

另外，这款洗面奶的清香也让我欲罢不能。每次洗脸都有一种清新的感觉，仿佛置身于花海之中。这种愉悦的香气在我脸上停留，让我整日都散发出自信和舒适的气息。

这真是一款让人难以忘怀的洗面奶！如果你也渴望拥有清爽、洁净的肌肤，我强烈推荐你尝试这个神奇的产品。点击下方链接，购买它吧！

购买链接

记住，这是我亲身试用的经历，这款洗面奶确实是非常出色的。它的清爽效果让人惊叹，给你的肌肤带来崭新的感受。抓住机会，让这款洗面奶成为你每天护肤的必备品！

图 2.8　使用 ChatGPT 生成一篇完整的文案

2.1.4 使用 ChatGPT 进行有效提问

扫码看教程

【效果展示】同样都是使用 ChatGPT 生成的文案，无效提问和有效提问获得的文案质量可以说是天壤之别。使用 ChatGPT 进行有效提问的效果如图 2.9 所示。

> OU　我要为将要销售的一款荔枝绘制商品主图；请你作为一名资深的画师，给出具体的绘制内容；我希望操作简单，不需要进行长时间的学习；另外，请写出绘制的配色方案
>
> 作为一名资深画师，我很高兴为你提供荔枝商品主图的具体绘制内容和配色方案。考虑到你希望操作简单且不需要长时间学习，我将给出一个简单而生动的绘制方案，适合展示荔枝的特点和吸引力。
>
> 1. 绘制荔枝主体：在画布上绘制一个大荔枝形状，简单的圆形或椭圆形即可。使用明亮的红色或品红色填充荔枝的外形，突出荔枝的鲜艳和诱人。
> 2. 细节表现：使用深绿色或浅绿色绘制荔枝的茎和叶子。在荔枝表面添加一些浅色的斑点或纹理，以增加绘画的层次感和真实感。
> 3. 添加光影效果：使用白色或淡黄色绘制荔枝表面的高光部分，以突出其光泽和立体感。在荔枝周围添加一些柔和的阴影，营造出自然的光影效果。
> 4. 背景处理：选择一个简洁的背景，可以是单色的或渐变的背景。推荐使用浅色的渐变背景，如淡粉色或淡橙色，以突出荔枝的色彩和形状。
> 5. 字体和文案：如果你计划在主图上添加文字或品牌信息，选择一种清晰易读的字体，并将其放置在画面的适当位置。确保文字与画面整体风格相匹配，不会过于突兀。
>
> 配色方案建议：
>
> - 荔枝主体：鲜艳的红色或品红色，突出荔枝的鲜美。
> - 茎和叶子：深绿色或浅绿色，增加对比和平衡。
> - 高光和阴影：白色或淡黄色的高光，柔和的阴影色调。
> - 背景：浅色的渐变背景，如淡粉色或淡橙色，营造温暖和柔和的氛围。
>
> 希望这些建议能够帮助你绘制出一幅吸引人的荔枝商品主图。记住，不需要过多复杂的技巧，关键是展现荔枝的鲜美和诱人之处。祝你绘画顺利，商品销售成功！

图 2.9　使用 ChatGPT 进行有效提问的效果

下面介绍使用 ChatGPT 进行有效提问的具体操作方法。

步骤 01　首先来看一个无效的提问案例。在 ChatGPT 中输入"我要绘制一幅画，请给我一些建议"，ChatGPT 的回答如图 2.10 所示。从中可以看出，推荐的结果跟在百度中搜索的结果没有太大的区别。

步骤 02　接下来分析有效的提问方法。在 ChatGPT 中输入"我要为将要销售的一款荔枝绘制商品主图；请你作为一名资深的画师，给出具体的绘制内容；我希望操作简单，不需要进行长时间的学习；另外，请写出绘制的配色方案"，ChatGPT 的回答如图 2.9 所示。

> OU　我要绘制一幅画，请给一些建议
>
> 当你要绘制一幅画时，以下是一些建议可以帮助你展开创作：
>
> 1. 主题选择：确定你想要表达的主题或概念。这可以是自然风景、人物肖像、抽象艺术等。选择一个激发你灵感的主题，这样你会更有动力去完成作品。

图 2.10　无效的提问案例

2. 素材收集：收集与你主题相关的素材，包括照片、绘画、插图等。这些素材可以为你提供参考，帮助你构思和绘制细节。

3. 色彩选择：考虑使用的色彩方案。色彩可以传达情感和氛围，因此选择适合主题的色彩搭配是非常重要的。可以运用色彩理论，如色彩对比和色彩心理学，来增强你的作品效果。

4. 绘画技巧：选择合适的绘画媒介和技巧。不同的媒介，如铅笔、水彩、油画等，会给作品带来不同的质感和表现力。选择你熟悉或想要尝试的技巧，并不断练习和探索。

5. 布局和构图：构思画面的布局和构图。考虑元素的位置、比例和平衡，以及视觉引导和重点呈现。实验不同的布局和构图方式，找到最能表达你想要的效果的方式。

6. 实践和实验：不要害怕尝试新的东西。绘画是一个不断学习和成长的过程。通过不断尝试新的技巧、材料和风格，你可以发展出独特的绘画风格，并挖掘出你的潜力和创造力。

7. 表达个性：将你的个性和情感融入作品中。绘画是艺术家表达自己的独特视角和情感的方式。不要害怕展示你的个人风格和创意，让你的作品与众不同。

最重要的是，享受整个绘画过程。无论是学习新技巧、解决挑战还是创造美丽的作品，绘画应该是一种令人愉悦和充实的体验。祝你创作愉快，并期待你的绘画作品的完美呈现！

图 2.10　无效的提问案例（续）

⚠ 温馨提示

　　图 2.9 所示的案例就是采用了"交代背景＋赋予身份＋给出需求＋意见补充"的提问结构，基本上能够帮助我们解决大部分的文案生成问题。

2.1.5　使用温度指令提升 ChatGPT 的灵活性

【效果展示】一般情况下，ChatGPT 生成的文案非常严谨，但是略显死板、单调。想让 ChatGPT 的回答更灵活，用户可以在关键词的结尾加上这条指令：Please generate the answer at × 或 use a temperature of ×（请用 × 的温度生成文案）。

扫码看教程　使用温度指令提升 ChatGPT 的灵活性的效果如图 2.11 所示。

描述一下某款饼干的外观特点，Please generate the answer at 1

这款饼干的外观特点十分引人注目！它呈现出以下特点：

1. 形状精致：每一块饼干都经过精心制作，形状完美，没有任何瑕疵。它们通常是圆形或方形的，大小适中，方便食用。

2. 表面酥脆：饼干的外表金黄酥脆，让人一看就知道它们的口感十分诱人。你可以轻轻一按，它会发出令人满意的脆裂声。

3. 独特花纹：饼干的表面常常装饰着独特的花纹或图案，增加了视觉上的吸引力。这些花纹可能是简单的网状结构、精美的花朵或个性化的图案，让饼干看起来更加精致和迷人。

4. 细腻纹理：仔细观察，你会发现饼干表面有微细的纹理和纹路。这些纹理增加了饼干的质感，让人在视觉和口感上都能感受到它们的精细制作。

5. 光泽诱人：饼干表面有微微的光泽，让人忍不住想要品尝。这种光泽使得饼干看起来更加新鲜和美味，增加了它们的诱人程度。

总的来说，这款饼干在外观上展现出精致、诱人和引人注目的特点。它们不仅适合作为美食的享受，还可以作为礼物赠送给亲朋好友，给人带来惊喜。

图 2.11　使用温度指令提升 ChatGPT 的灵活性的效果

下面介绍使用温度指令提升 ChatGPT 的灵活性的具体操作方法。

步骤 01　在 ChatGPT 中输入"描述一下某款饼干的外观特点"，没有添加温度指令生成的回答如图 2.12 所示。

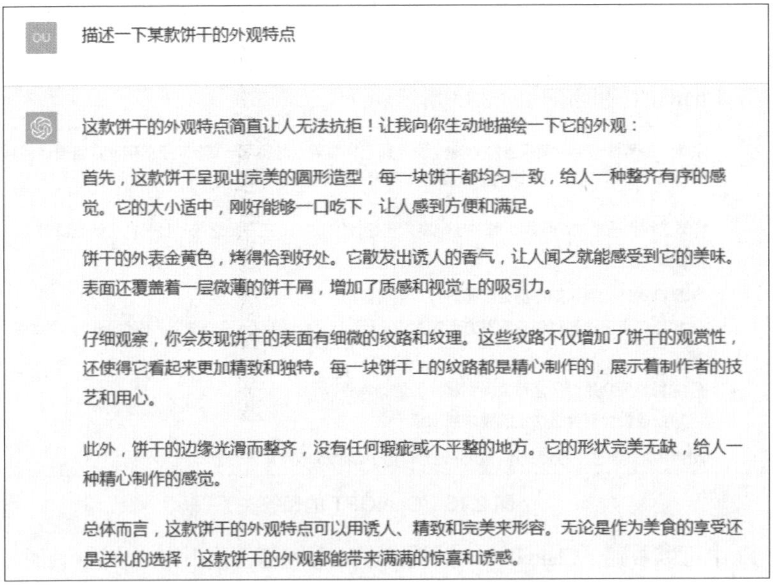

描述一下某款饼干的外观特点

这款饼干的外观特点简直让人无法抗拒！让我向你生动地描绘一下它的外观：

首先，这款饼干呈现出完美的圆形造型，每一块饼干都均匀一致，给人一种整齐有序的感觉。它的大小适中，刚好能够一口吃下，让人感到方便和满足。

饼干的外表金黄色，烤得恰到好处。它散发出诱人的香气，让人闻之就能感受到它的美味。表面还覆盖着一层微薄的饼干屑，增加了质感和视觉上的吸引力。

仔细观察，你会发现饼干的表面有细微的纹路和纹理。这些纹路不仅增加了饼干的观赏性，还使得它看起来更加精致和独特。每一块饼干上的纹路都是精心制作的，展示着制作者的技艺和用心。

此外，饼干的边缘光滑而整齐，没有任何瑕疵或不平整的地方。它的形状完美无缺，给人一种精心制作的感觉。

总体而言，这款饼干的外观特点可以用诱人、精致和完美来形容。无论是作为美食的享受还是送礼的选择，这款饼干的外观都能带来满满的惊喜和诱惑。

图 2.12　没有添加温度指令生成的回答

步骤 02 加上温度指令，在 ChatGPT 中输入"描述一下某款饼干的外观特点，Please generate the answer at 1"，生成的回答如图 2.11 所示。

可以看到，两个回答的差别非常明显，没有温度指令生成的回答比较机械化，而添加温度指令后生成的回答则犹如小说情节一样，更有吸引力。

△ 温馨提示

×为一个数值，设置范围一般为 0.1～1。低温度可以让 ChatGPT 的回答变得稳重且有保障，高温度则可以让 ChatGPT 充满创意与想象力。

2.2　学习 ChatGPT 关键词的提问技巧

对于新手来说，生成 AI 绘画作品时，最难的地方就是写关键词，很多人不知道该写什么，导致踌躇不前。其实，使用 ChatGPT 可以快速生成 AI 绘画关键词。这是一种基于 AI 技术的聊天机器人，使用了自然语言处理和深度学习等技术，可以进行自然语言的对话，回答用户提出的各种问题，创建 AI 绘画关键词也不在话下。

本节主要介绍 ChatGPT 的关键词提问技巧，帮助大家掌握其基本用法，快速生成自身需要的内容。

2.2.1　使用背景描述定义身份

在提问时，用户可以对 ChatGPT 的身份进行定义，同时描述问题的背景，甚至可以让 ChatGPT 向用户提问，从而给出更加具体的场景。

例如，在 ChatGPT 中输入"你是一位有着 10 年电商广告制作经验的设计师，你需要帮助我写一篇 300 字的电商广告设计教程。在你给出答案之前，可以先问我一些关于电商广告设计的问题"，ChatGPT 的回答如图 2.13 所示。

> OU 你是一位有着10年电商广告制作经验的设计师，你需要帮助我写一篇300字的电商广告设计教程。在你给出答案之前，可以先问我一些关于电商广告设计的问题
>
> 当然，我很乐意帮助你写一篇关于电商广告设计的教程。在开始之前，我有几个问题需要了解更多信息：
>
> 1. 你想针对什么类型的产品或服务进行广告设计？
> 2. 你希望广告设计教程包含哪些方面的内容？例如，设计原则、平台选择、图像处理、文案撰写等。
> 3. 你的目标受众是谁？你希望吸引哪种类型的消费者？
> 4. 你对广告设计有什么特定的要求或期望？
>
> 请提供这些信息，以便我可以更好地为你提供定制的电商广告设计教程。

图 2.13　ChatGPT 的回答

从图 2.13 中可以看到，ChatGPT 一共提出了 4 个问题，接下来一一进行回答，ChatGPT 即可生成更符合用户需求的内容，如图 2.14 所示。

> OU 女装，图像处理，年轻女性，吸引力强
>
> 非常感谢你提供的信息。基于你的需求，我将为你编写一篇关于电商广告设计的教程，重点是图像处理，以吸引年轻女性受众。以下是一份300字的电商广告设计教程：
>
> 标题：电商广告设计教程：吸引年轻女性受众的图像处理技巧
> 正文：
> 在电商行业中，吸引力强的广告设计对于吸引年轻女性受众至关重要。在本教程中，我们将介绍几个图像处理技巧，帮助你创建引人注目的女装广告。
>
> 1. 选择鲜明的颜色：年轻女性通常喜欢鲜明、活力四溢的颜色。在广告设计中，使用明亮的颜色能够吸引目光并引起兴趣。尝试使用一些流行的色彩组合，如粉色和蓝色、红色和黄色等，以增加视觉冲击力。
> 2. 利用高质量的模特照片：选择适合你产品风格的漂亮模特照片。确保模特的外观与你的目标受众相符，并展示出产品的效果和特点。使用高清摄影和专业的后期处理技术来提升照片的质量，使其更加引人注目。
> 3. 强调产品细节：年轻女性在购买女装时通常注重细节。在广告设计中，通过放大和突出产品的细节，如面料的纹理、装饰的细节等，来吸引目光。确保产品清晰可见，以便潜在消费者更好地了解它们。
> 4. 创造情感共鸣：年轻女性通常对广告中展示的情感故事和体验产生共鸣。利用图像处理技术，通过添加合适的背景、场景或情境，传达与目标受众相关的情感和价值观。这将有助于建立品牌认同并吸引消费者的关注。
> 5. 简洁而引人入胜的排版：在广告设计中，使用简洁而引人入胜的排版风格。选择易读的字体，并确保文案简洁明了。通过突出重点信息、使用醒目的标题和清晰的副标题，吸引目光并引导观众进一步了解产品。
>
> 总结：
> 通过运用上述图像处理技巧，你可以创建令人难以抗拒的女装广告设计，吸引年轻女性受众。记住要选择鲜明的颜色、高质量的模特照片、强调产品细节、创造情感共鸣并使用简洁而引人入胜的排版风格。不断尝试和优化你的设计，以确保广告与目标受众保持紧密的连接，并帮助你的品牌在电商市场中脱颖而出。
>
> 希望这个教程能对你有所帮助！如有任何其他问题，请随时提问。

图 2.14　ChatGPT 生成更符合用户需求的内容

2.2.2 使用数字获得满意答案

在使用 ChatGPT 进行提问前，要注意关键词的运用技巧，提问时要在问题中指定具体的数字，描述要精准，这样可以得到更满意的答案。

例如，关键词为"写 5 段关于手机电商广告的描述"，"5 段"是具体的数字，"手机电商广告的描述"是精准的内容描述，ChatGPT 的回答如图 2.15 所示。

图 2.15　ChatGPT 的回答

通过上述 ChatGPT 的回答，我们可以看出 ChatGPT 的回复结果还是比较符合要求的，它不仅提供了 5 段内容，而且每段内容都不同，让用户有更多的选择。这就是在关键词中指定具体数字的好处，数字越具体，ChatGPT 的回答就越精准。

2.2.3 使用正确问法获取准确信息

在向 ChatGPT 提问时，用户需要掌握正确的提问方法，如图 2.16 所示，这样可以更快、更准确地获取需要的信息。

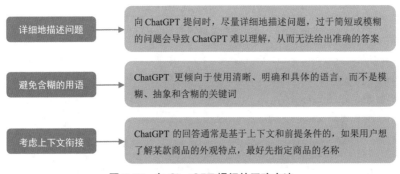

图 2.16　向 ChatGPT 提问的正确方法

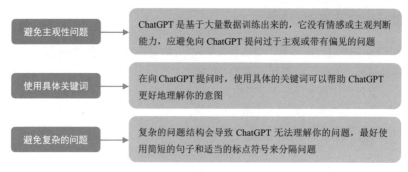

图 2.16　向 ChatGPT 提问的正确方法（续）

2.2.4　使用关键词拓宽思维广度

如果你经常需要用 ChatGPT 生成创意、项目以及策划类的方案，可以在提问时加上关键词 What are some alternative perspectives（有哪些可以考虑的角度），以拓宽 ChatGPT 的思维广度。

例如，在 ChatGPT 中输入"请描述一下某款畅销商品的外观"，没有添加关键词的 ChatGPT 的回答如图 2.17 所示，整体内容比较平铺直叙。

图 2.17　没有添加关键词的 ChatGPT 的回答

如果还想要更多选择，此时可以再次提问"请描述一下某款畅销商品的外观 What are some alternative perspectives"，ChatGPT 会从不同的观点和角度来回答该问题，给用户提供更多的思路和帮助，如图 2.18 所示。

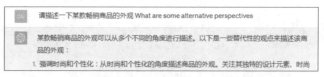

图 2.18　ChatGPT 从不同的观点和角度回答问题

> 的色彩选择或与潮流趋势相符的外观，突出产品的个性化风格。
> 2. 强调简洁和现代感：从简洁和现代感的角度描述商品的外观。注重整体线条的简洁性和纯净感，避免过多的繁杂装饰，营造出清爽、现代的外观氛围。
> 3. 强调高质感和精工细作：从高质感和精工细作的角度描述商品的外观。注重材质的选择和加工工艺，使产品外观展现出精致、典雅和高端的质感。
> 4. 强调创新和科技感：从创新和科技感的角度描述商品的外观。强调产品的技术特点和创新设计，例如采用未来主义的外观造型或集成了最新的科技元素。
> 5. 强调生态友好和可持续性：从生态友好和可持续性的角度描述商品的外观。注重可再生材料的使用、环保的设计理念以及可降解或可回收的组件，体现产品对环境的关注和可持续发展的价值。
>
> 这些是描述某款畅销商品外观的一些替代性观点，可以根据具体情况选择适合的描述角度。

图 2.18　ChatGPT 从不同的观点和角度回答问题（续）

2.3　了解 ChatGPT 生成文案的具体步骤

用户只需提供自己的想法和需求，ChatGPT 就可以自动生成通顺流畅的文案内容。那么，ChatGPT 是如何生成文案的呢？本节就来讲解 ChatGPT 生成文案的具体步骤。

2.3.1　使用 OpenAI 准备数据

OpenAI 收集了大量的文本数据作为 ChatGPT 的训练数据。这些数据包括互联网上的文章、书籍、新闻以及百科等。数据准备的流程分为以下几个步骤。

（1）数据收集：OpenAI 团队从互联网上收集 ChatGPT 的训练数据。这些数据来源包括网页、书籍以及新闻文章等，收集的数据覆盖了各种主题和领域，以确保模型在广泛的话题上都有良好的表现。

（2）数据清理：收集的数据中可能存在一些噪声、错误和不规范的文本。因此，在训练之前需要对数据进行清理，包括去除 HTML 标签、纠正拼写错误和修复语法问题等。

（3）分割和组织：为了有效训练模型，文本数据需要被分割成句子或段落，以作为适当的训练样本。同时，要确保训练数据的组织方式，使得模型可以在上下文中学习和理解。

数据准备是一个关键的步骤，它决定了模型的训练质量和性能。OpenAI 致力于收集和处理高质量的数据，以提供流畅、准确的 ChatGPT 模型。

2.3.2　使用 Transformer 预设模型

ChatGPT 使用了一种称为 Transformer（变压器）的深度学习模型架构。Transformer 模型以自注意力机制为核心，处理文本的同时可以更好地捕捉上下文关系。

相比于传统的循环神经网络，Transformer 能够并行计算，且在处理长序列时会更有效率。Transformer 模型由以下几个主要部分组成。

（1）编码器（encoder）：编码器负责将输入好的序列进行编码。它由多个相同的层堆叠而成，每一层都包含多头自注意力机制和前馈神经网络。多头自注意力机制用于捕捉输入序列中不同位置的依赖关系，而前馈神经网络则对每个位置的表示进行非线性转换。

（2）解码器（decoder）：解码器负责根据编码器的输出生成相应文本序列。与编码器类似，解码器也由多个相同的层堆叠而成。除了编码器的子层外，解码器还包含一个被称为"编码器 – 解码器注意力机制"的子层。这个注意力机制用于在生成过程中关注编码器的输出。

（3）位置编码（positional encoding）：由于 Transformer 没有显式的顺序信息，位置编码用于为输入序列的每个位置提供一种位置信息，以便模型能够理解序列中的顺序关系。

Transformer 模型通过训练大量数据来学习输入序列和输出序列之间的映射关系，使得在给定输入时能够生成相应的输出文本。这种模型架构在 ChatGPT 中被用于生成自然流畅的文本回复。

2.3.3 使用多种方法训练模型

ChatGPT 通过对大规模文本数据的反复训练，学习如何根据给定的输入生成相应的文本输出，模型逐渐学会理解语言的模式、语义和逻辑。ChatGPT 的模型训练主要分为 3 点，如图 2.19 所示。

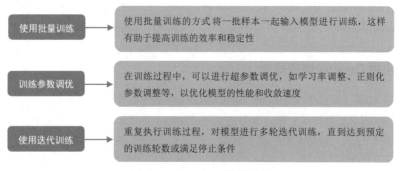

使用批量训练	使用批量训练的方式将一批样本一起输入模型进行训练，这样有助于提高训练的效率和稳定性
训练参数调优	在训练过程中，可以进行超参数调优，如学习率调整、正则化参数调整等，以优化模型的性能和收敛速度
使用迭代训练	重复执行训练过程，对模型进行多轮迭代训练，直到达到预定的训练轮数或满足停止条件

图 2.19　ChatGPT 模型训练

模型训练的结果取决于数据质量，通过反复的训练，模型逐渐学会理解语言的逻辑并生成流畅合理的文本回复。

2.3.4 使用得到的模型生成文本

ChatGPT 使用训练得到的模型参数和生成算法生成一段与输入相关的文本，它将考虑语法、语义和上下文逻辑，以生成连贯和相关的回复。

生成的文本会经过评估，以确保其流畅性和合理性。OpenAI 致力于提高生成文本的质量，通过设计训练目标和优化算法来尽量使其更符合人类的表达方式。

生成文本的质量和连贯性取决于模型的训练质量、输入的准确性以及上下文理解的能力。在应用 ChatGPT 生成的文本时，建议进行人工审查和进一步的验证。

绘图玩法：
掌握 Midjourney 的 AI 技术

第 **3** 章

◀)) 本章要点

    Midjourney 是一款于 2022 年 3 月面世的 AI 绘画工具，用户可以在其中输入文字、图片等内容，让软件自动创作出符合要求的 AI 画作。本章主要介绍使用 Midjourney 的 AI 技术进行绘图的相关方法。

3.1　了解 Midjourney 的基本使用方法

Midjourney 是一种比较简单、好用的 AI 绘图软件，用户只需输入关键词，便可以快速获得相应的绘画作品。本节主要介绍 Midjourney 的基本使用方法，帮助大家了解 Midjourney 的入门技巧。

3.1.1　使用 Midjourney 创建服务器

扫码看教程

默认情况下，用户进入 Midjourney 频道主页后，使用的是公用服务器，操作起来非常不方便，这是因为一起参与绘画的人非常多，导致用户很难找到自己想要的绘画关键词和作品。因此，在使用 Midjourney 进行 AI 绘画时，用户通常需要先创建一个自己的服务器。

下面介绍在 Midjourney 中创建服务器的具体操作方法。

步骤 01　在 Midjourney 频道主页中单击左下角的"添加服务器"按钮➕，如图 3.1 所示。

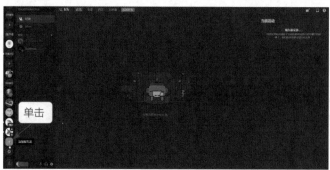

图 3.1　单击"添加服务器"按钮 ➕

步骤 02　执行操作后，弹出"创建服务器"对话框，选择"亲自创建"选项，如图 3.2 所示。当然，如果用户收到邀请，也可以加入其他人创建的服务器。

步骤 03　执行操作后，弹出一个新的对话框，选择"仅供我和我的朋友使用"选项，如图 3.3 所示。

图 3.2　选择"亲自创建"选项

图 3.3　选择"仅供我和我的朋友使用"选项

步骤 04 执行操作后，弹出"自定义您的服务器"对话框，输入相应的服务器名称，单击"创建"按钮，如图 3.4 所示。

步骤 05 执行操作后，如果显示欢迎来到对应服务器的相关信息，就说明服务器创建成功了，如图 3.5 所示。

图 3.4 单击"创建"按钮

图 3.5 服务器创建成功

3.1.2 使用 Midjourney 添加 Midjourney Bot

用户可以通过 Discord 平台与 Midjourney Bot 进行交互，然后提交关键词来快速获得所需的图像。Midjourney Bot 是一个用于帮助用户完成各种绘画任务的机器人。

扫码看教程

下面介绍添加 Midjourney Bot 的具体操作方法。

步骤 01 单击界面左上角的 Discord 图标，然后再单击"寻找或开始新的对话"文本框，如图 3.6 所示。

步骤 02 执行操作后，在弹出的对话框中输入 Midjourney Bot，选择相应的选项并按 Enter 键，如图 3.7 所示。

图 3.6 单击"寻找或开始新的对话"文本框

图 3.7 选择相应的选项

步骤 03 执行操作后，在 Midjourney Bot 的头像上右击，在弹出的快捷菜单中选择"个人资料"选项，如图 3.8 所示。

步骤 04 在弹出的对话框中单击"添加至服务器"按钮，如图 3.9 所示。

图 3.8　选择"个人资料"选项

图 3.9　单击"添加至服务器"按钮

步骤 05　执行操作后，弹出"外部应用程序"对话框，选择刚才创建的服务器，单击"继续"按钮，如图 3.10 所示。

步骤 06　执行操作后，确认 Midjourney Bot 在该服务器上的权限，单击"授权"按钮，如图 3.11 所示。

图 3.10　单击"继续"按钮

图 3.11　单击"授权"按钮

步骤 07　执行操作后，需要进行"我是人类"的验证。按照提示进行验证即可完成授权，成功添加 Midjourney Bot，如图 3.12 所示。

图 3.12　成功添加 Midjourney Bot

3.1.3　使用文字在 Midjourney 中进行绘画

扫码看教程

【效果展示】Midjourney 主要使用文本指令和关键词来完成绘画操作，用户输入关键词（最好是英文关键词，对于英文单词的首字母大小写没有要求）即可进行绘画。在 Midjourney 中使用文字进行绘画的效果如图 3.13 所示。

图 3.13　在 Midjourney 中使用文字进行绘画的效果

下面介绍在 Midjourney 中使用文字进行绘画的具体操作方法。

步骤 01　在 Midjourney 主页下面的输入框内输入符号"/"（斜杠），在弹出的列表中选择 /imagine（想象）指令，如图 3.14 所示。

图 3.14　选择 /imagine 指令

步骤 02　在 /imagine 指令后方的文本框中输入关键词 A model with delicate wrists is showcasing a certain watch（一位手腕纤细的模特正在展示某款手表），如图 3.15 所示。

图 3.15　输入关键词

步骤 03　按 Enter 键确认，即可看到 Midjourney Bot 已经开始工作了，如图 3.16 所示。

步骤 04　只需稍等片刻，Midjourney 即可生成 4 张对应的图片，具体效果如图 3.13 所示。

使用了 /imagine

Midjourney Bot ✓机器人 今天17:05

A model with delicate wrists is showcasing a certain watch - @ (Waiting to start)

图 3.16　Midjourney Bot 开始工作

3.1.4　使用 U 按钮快速对绘画作品进行调整

扫码看教程

【效果展示】Midjourney 生成的图片效果下方的 U 按钮表示放大选中图片的细节，并生成单张的大图效果。如果用户对于 4 张图片中的某张图片感到满意，可以使用 U 按钮进行选择，并在相应图片的基础上进行更加精细的刻画。在 Midjourney 中使用 U 按钮调整绘画作品的效果如图 3.17 所示。

下面介绍使用 U 按钮对绘画作品进行调整的具体操作方法。

步骤 01　以 3.1.3 小节的效果为例，单击 U1 按钮，如图 3.18 所示。

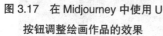

图 3.17　在 Midjourney 中使用 U
按钮调整绘画作品的效果

图 3.18　单击 U1 按钮

步骤 02　执行操作后，Midjourney 将在第 1 张图片的基础上进行更加精细的刻画，并放大图片效果，具体效果如图 3.17 所示。

3.1.5　使用 V 按钮快速对绘画作品进行调整

【效果展示】Midjourney 生成的图片效果下方的 V 按钮表示以所选的图片样式为模板重新生成 4 张图片。在 Midjourney 中使用 V 按钮调整绘画作品的效果如图 3.19 所示。

扫码看教程

下面介绍使用 V 按钮对绘画作品进行调整的具体操作方法。

步骤 01　以 3.1.3 小节的效果为例，单击 V1 按钮，如图 3.20 所示。

单击

图 3.19　在 Midjourney 中使用 V 按钮
调整绘画作品的效果

图 3.20　单击 V1 按钮

步骤 02　执行操作后，Midjourney 将会以第 1 张图片为模板，重新生成 4 张图片，具体效果如图 3.19 所示。

3.1.6　使用 Midjourney 获取图片的关键词

扫码看教程

【效果展示】关键词也称为关键字、描述词、输入词、提示词或代码等，很多用户也将其称为"咒语"。在 Midjourney 中，用户可以使用 /describe（描述）指令获取图片的关键词。使用 Midjourney 获取图片的关键词的效果如图 3.21 所示。

图 3.21　使用 Midjourney 获取图片的关键词的效果

下面介绍使用 Midjourney 获取图片关键词的具体操作方法。

步骤 01 在 Midjourney 主页下面的输入框内输入"/"，在弹出的列表中选择 /describe 指令，如图 3.22 所示。

步骤 02 执行操作后，单击"上传"按钮，如图 3.23 所示。

图 3.22　选择 /describe 指令　　　　图 3.23　单击"上传"按钮

步骤 03 执行操作后，弹出"打开"对话框，选择相应的图片，如图 3.24 所示。

步骤 04 单击"打开"按钮，将图片添加到 Midjourney 的输入框中，如图 3.25 所示，按 Enter 键确认。

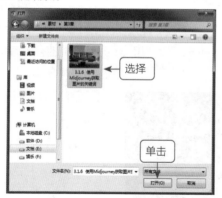

图 3.24　选择相应的图片　　　　图 3.25　将图片添加到 Midjourney 的输入框中

步骤 05 执行操作后，Midjourney 会根据用户上传的图片生成 4 段关键词内容，具体效果如图 3.21 所示。

3.1.7　使用以图生图在 Midjourney 中进行绘画

扫码看教程

【效果展示】Midjourney 可以根据用户输入的指令自动绘制图像，想让 Midjourney 更高效地出图，以图生图功能必不可少。通过给 Midjourney 一张参考图片的方式，可以让 Midjourney 从图片中补齐必要的风格或特征等信息，以便生成的图片更符合用户预期。在 Midjourney 中使用以图生图进行绘画的效果如图 3.26 所示。

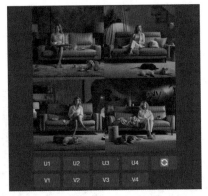

图 3.26　在 Midjourney 中使用以图生图进行绘画的效果

下面介绍在 Midjourney 中使用以图生图进行绘画的具体操作方法。

步骤 01　通过浏览器打开一张图片，如图 3.27 所示，将打开图片的浏览器地址链接复制下来。

图 3.27　通过浏览器打开一张图片

步骤 02　返回 Midjourney 页面，在 Midjourney 主页下面的输入框内输入 "/"，在弹出的列表中选择 /imagine 指令，将刚刚复制的图片链接粘贴到指令的后面，如图 3.28 所示。

图 3.28　将复制的图片链接粘贴到指令的后面

步骤 03　在图片链接后面加上画面描述、风格信息以及排除内容。例如，输入 The model is sitting on the sofa（模特坐在沙发上）,E-commerce Advertising Style（电商广告风格）,--no text（排除画面文本）。按 Enter 键确认，Midjourney 会自动生成 4 张对应的图片，具体效果如图 3.26 所示。

3.1.8　使用混合指令在 Midjourney 中进行绘画

【效果展示】在 Midjourney 中，用户可以使用 /blend（混合）指令快速上传 2 ～ 5 张图片，然后查看每张图片的特征，并将它们混合成一张新的图片。使

扫码看教程

用 /blend 指令在 Midjourney 中进行绘画的效果如图 3.29 所示。

下面介绍使用 /blend 指令在 Midjourney 中进行绘画的具体操作方法。

步骤 01 在 Midjourney 主页下面的输入框内输入"/"，在弹出的列表中选择 /blend 指令，如图 3.30 所示。

图 3.29 使用 /blend 指令在 Midjourney 中进行绘画的效果　　　图 3.30 选择 /blend 指令

步骤 02 执行操作后，出现两个图片框，单击左侧的"上传"按钮，如图 3.31 所示。

步骤 03 执行操作后，弹出"打开"对话框，选择相应的图片，如图 3.32 所示。

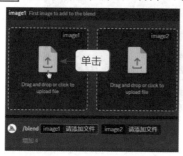

图 3.31 单击"上传"按钮　　　图 3.32 选择相应的图片

步骤 04 单击"打开"按钮，将图片添加到左侧的图片框中，并使用同样的操作方法再次添加一张图片，如图 3.33 所示。

步骤 05 连续按两次 Enter 键，Midjourney 会自动完成图片的混合操作，并生成 4 张新的图片，这是没有添加任何关键词的效果，如图 3.34 所示。

图 3.33 添加两张图片　　　图 3.34 生成 4 张新的图片

步骤 06 单击 U1 按钮，放大第 1 张图片的效果，具体效果如图 3.29 所示。

🔔 **温馨提示**

选择 /blend 指令后，系统会提示用户上传两张图片。要想添加更多图片，可选择 optional/options（可选的 / 选项）指令，然后选择 image3、image4 或 image5 指令添加对应数量的图片。

3.2 掌握 Midjourney 的常用指令

Midjourney 拥有强大的 AI 绘图功能，用户可以通过各种指令和关键词来改变 AI 绘图的效果，生成更优秀的 AI 画作。本节将介绍一些 Midjourney 的常用指令，让用户在创作 AI 画作时更加得心应手。

3.2.1 使用 --ar 指令设置图片比例

【效果展示】通常情况下，使用 Midjourney 生成的图片尺寸比例默认为 1∶1。 **扫码看教程** 如果对生成的图片有特定的要求，那么又该如何设置图片比例呢？此时用户可以使用 --ar（更改图片比例）指令来修改生成的图片尺寸。使用 --ar 指令设置图片比例的效果如图 3.35 所示。

图 3.35 使用 --ar 指令设置图片比例的效果

下面介绍使用 --ar 指令设置图片比例的具体操作方法。

步骤 01 通过 /imagine 指令输入关键词，如图 3.36 所示，并按 Enter 键确认。

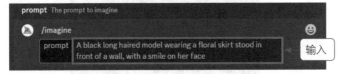

图 3.36 通过 /imagine 指令输入相应的关键词

步骤 02 执行操作后，Midjourney 会生成默认的绘画效果，如图 3.37 所示。

图 3.37　使用 Midjourney 生成的默认绘画效果

步骤 03 继续通过 /imagine 指令输入相同的关键词，并在结尾处加上 --ar 9:16 指令（注意与前面的关键词用空格隔开），如图 3.38 所示。

图 3.38　输入相同的关键词并加上 --ar 9:16 指令

步骤 04 执行操作后，即可生成 9:16 尺寸比例的图片，具体效果如图 3.35 所示。

🔔 **温馨提示**

在 Midjourney 中输入指令时，需要在指令前方加上"--"，否则系统将无法识别出来。

3.2.2　使用 --chaos 指令激发创造力

扫码看教程

【效果展示】在 Midjourney 中使用 --chaos（简写为 --c）指令，可以激发 AI 的创造力，值（0 ～ 100）越大，AI 就会有更多自己的想法。使用 --chaos 指令激发创造力的效果如图 3.39 所示。

图 3.39　使用 --chaos 指令激发创造力的效果

下面介绍使用 --chaos 指令激发创造力的具体操作方法。

步骤 01 通过 /imagine 指令输入相应的关键词，并在关键词的后面加上 --c 10 指令，如图 3.40 所示。

图 3.40 输入相应的关键词和指令

步骤 02 按 Enter 键确认，生成的图片效果如图 3.41 所示。

图 3.41 较低 --c 值生成的图片效果

步骤 03 再次通过 /imagine 指令输入相同的关键词，并将 --c 指令的值修改为 100，生成的图片效果如图 3.39 所示。可以看到，此时生成的图片与关键词的关联性弱了很多。

3.2.3 使用 --no 指令控制画面的内容

【效果展示】在关键词的末尾处加上 --no ×× 指令，可以让画面中不出现 ×× 内容，从而使生成的图片更符合自身的需求。使用 --no 指令控制画面内容的效果如图 3.42 所示。

扫码看教程

图 3.42 使用 --no 指令控制画面内容的效果

下面介绍使用 ––no 指令控制画面内容的具体操作方法。

步骤 01 通过 /imagine 指令输入相应的关键词，如图 3.43 所示。

图 3.43　通过 /imagine 指令输入关键词

步骤 02 按 Enter 键确认，即可生成相应的图片，效果如图 3.44 所示。

图 3.44　输入关键词后生成的图片效果

步骤 03 通过 /imagine 指令输入相同的关键词，在关键词的后面添加 ––no 指令［如 ––no smoke（没有烟雾）指令］，如图 3.45 所示。

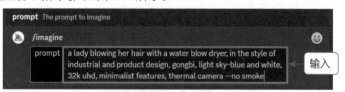

图 3.45　输入相同的关键词并添加 ––no smoke 指令

步骤 04 按 Enter 键确认，即可生成没有烟雾的图片，具体效果如图 3.42 所示。

3.2.4　使用 ––stylize 指令提升画面艺术性

【效果展示】在 Midjourney 中使用 ––stylize（风格化）指令，可以让生成的图片更具艺术性。使用 ––stylize 指令控制画面内容的效果如图 3.46 所示。

扫码看教程

图 3.46 使用 --stylize 指令控制画面内容的效果

下面介绍使用 --stylize 指令控制画面内容的具体操作方法。

步骤 01 通过 /imagine 指令输入相应的关键词，在关键词的后面添加低 stylize 数值的指令（如 --stylize 10），如图 3.47 所示。

图 3.47 输入关键词并添加低 stylize 数值的指令

步骤 02 按 Enter 键确认，即可生成低 stylize 数值的图片，效果如图 3.48 所示。可以看到，此时生成的图片虽然与关键词密切相关，但艺术性较差。

图 3.48 低 stylize 数值的图片

步骤 03 通过 /imagine 指令输入相同的关键词，在关键词的后面添加高 stylize 数值的指令（如 --stylize 1000），如图 3.49 所示。

图 3.49　输入关键词并添加高 stylize 数值的指令

步骤 04 按 Enter 键确认，即可生成高 stylize 数值的图片，具体效果如图 3.46 所示。可以看到，此时生成的图片非常具有艺术性，也更具有观赏性。

文心一格

轻松制作：
活用文心一格的 AI 绘图

第 **4** 章

◀)) **本章要点**

　　文心一格是一款非常有潜力的 AI 绘画工具，可以帮助用户实现更高效、更有创意的绘画创作。本章主要介绍文心一格的 AI 绘图操作方法，实现"一语成画"，轻松制作出各种电商广告作品。

4.1　了解文心一格的基本使用技巧

文心一格支持自定义关键词、画面类型、图像比例、数量等参数设置，用户可以通过文心一格快速生成高质量的画作，而且生成的图像质量可以与人类创作的艺术品相媲美。需要注意的是，即使是完全相同的关键词，文心一格每次生成的画作也会有所差异。本节主要介绍使用文心一格生成电商广告图片的基本操作方法。

4.1.1　使用文心一格之前先注册

扫码看教程

文心一格通过 AI 技术的应用，为用户提供了一系列高效且具有创造力的 AI 创作工具和服务，让用户在创作电商广告时能够更自由、更高效地实现自己的创意和想法。

想要使用文心一格进行创作，首先需要登录百度账号，没有账号的需要先注册。下面介绍注册与登录文心一格的具体操作方法。

步骤 01 进入文心一格的官网首页，单击"登录"按钮，如图 4.1 所示。

图 4.1　单击"登录"按钮

🔔 温馨提示

"电量"是文心一格平台为用户提供的数字化商品，用于兑换文心一格平台上的图片生成服务、指定公开画作下载服务以及其他增值服务等。

步骤 02 执行操作后，进入百度的登录页面。用户可以直接使用百度账号进行登录，也可以通过 QQ、微博或微信账号进行登录，没有相关账号的用户可以单击"立即注册"链接，如图 4.2 所示。

图 4.2　单击"立即注册"链接

步骤 03　执行操作后，进入百度的"欢迎注册"页面，如图 4.3 所示。用户只需输入相应的用户名、手机号、密码和验证码，并根据提示进行操作即可完成注册。

图 4.3　百度的"欢迎注册"页面

4.1.2　使用系统推荐的模式绘图

【效果展示】对于新手来说，可以直接使用文心一格的"推荐"AI 绘画模式进行绘图。此时只需输入关键词（该平台也将其称为创意），即可让 AI 自动生成图片，效果如图 4.4 所示。

扫码看教程

图 4.4　使用系统推荐的模式绘图的效果

下面介绍使用系统推荐的模式进行绘图的具体操作方法。

步骤 **01** 登录文心一格后，单击"立即创作"按钮，进入"AI 创作"页面；输入相应的关键词，单击"立即生成"按钮，如图 4.5 所示。

图 4.5 单击"立即生成"按钮

步骤 **02** 稍等片刻，即可生成图 4.4 所示的图片效果。

4.1.3 使用画面类型功能确定风格

扫码看教程

【效果展示】文心一格的图片风格类型包括"智能推荐""艺术创想""唯美二次元""中国风""概念插画""明亮插画""梵高""超现实主义""插画""像素艺术"和"炫彩插画"等。具体来说，使用画面类型功能确定风格的效果如图 4.6 所示。

图 4.6 使用画面类型功能确定风格的效果

下面介绍使用画面类型功能确定风格的具体操作方法。

步骤 **01** 进入"AI 创作"页面，输入相应的关键词，在"画面类型"选项区中单击"更多"按钮，如图 4.7 所示。

步骤 **02** 执行操作后，即可展开"画面类型"选项区，在其中选择"唯美二次元"选项，如图 4.8 所示。

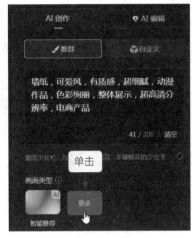
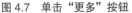

图 4.7　单击"更多"按钮　　　图 4.8　选择"唯美二次元"选项

步骤 03　单击"立即生成"按钮，即可生成一幅"唯美二次元"风格的 AI 绘画作品，具体效果如图 4.6 所示。

4.1.4　使用其他功能对出图进行设置

扫码看教程

【效果展示】在文心一格中除了可以选择多种图片风格外，还可以使用其他功能设置图片的比例（如竖图、方图和横图）及数量（最多 9 张）等信息。具体来说，使用其他功能对出图进行设置的效果如图 4.9 所示。

图 4.9　使用其他功能对出图进行设置的效果

下面介绍使用其他功能对出图进行设置的具体操作方法。

步骤 01　进入"AI 创作"页面，输入相应的关键词，设置"比例"为"竖图"、"数量"为 2，如图 4.10 所示。

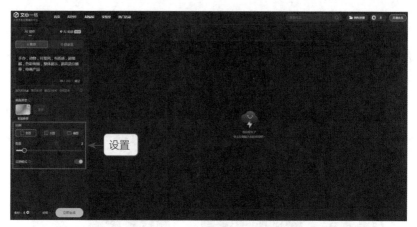

图 4.10　设置"比例"和"数量"选项

步骤 02　单击"立即生成"按钮，生成两幅 AI 绘画作品，具体效果如图 4.9 所示。

4.2　掌握文心一格的高级绘图技巧

　　文心一格是由百度飞桨推出的一个 AI 艺术和创意辅助平台，利用飞桨的深度学习技术，帮助用户快速生成高质量的商品图像，提高电商广告设计的创作效率和创意水平，特别适合需要频繁进行商业创作的电商设计师和广告从业者。本节主要介绍文心一格的高级绘图技巧，帮助大家生成更加精美的电商图片。

4.2.1　使用自定义功能进行绘图

扫码看教程

　　【效果展示】使用文心一格的"自定义"AI 绘画模式，可以设置更多的关键词，从而让生成的图片效果更加符合自己的需求。具体来说，使用自定义功能进行绘图的效果如图 4.11 所示。

图 4.11　使用自定义功能进行绘图的效果

下面介绍使用自定义功能进行绘图的具体操作方法。

步骤 01 进入"AI 创作"页面，切换至"自定义"选项卡，输入相应的关键词，设置"选择 AI 画师"为"创艺"，如图 4.12 所示。

步骤 02 在下方继续设置"尺寸"为 1∶1、"数量"为 1，如图 4.13 所示。

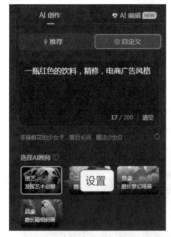 

图 4.12 设置"AI 画师"选项　　图 4.13 设置"尺寸"和"数量"选项

步骤 03 单击"立即生成"按钮，即可生成自定义的 AI 绘画作品，具体效果如图 4.11 所示。

4.2.2 使用参考图生成类似的图片

【效果展示】使用文心一格的"上传参考图"功能，用户可以上传任意一张图片，通过文字描述想要修改的地方，获得类似的图片效果。具体来说，使用参考图生成类似图片的效果如图 4.14 所示。

扫码看教程

图 4.14 使用参考图生成类似图片的效果

下面介绍使用参考图生成类似图片的具体操作方法。

步骤 01 在"AI 创作"页面的"自定义"选项卡中输入相应关键词，设置"选择 AI 画师"为"创艺"，单击"上传参考图"下方的 ■ 按钮，如图 4.15 所示。

步骤 02 在弹出的"打开"对话框中选择相应的参考图，如图 4.16 所示。

步骤 03 单击"打开"按钮上传参考图，并设置"影响比重"为 8，如图 4.17 所示。该数值越大，对参考图的影响就越大。

步骤 04 在下方继续设置"尺寸"为 3∶2、"数量"为 1，单击"立即生成"按钮，如图 4.18 所示。

图 4.15　单击相应按钮　　　　　　图 4.16　选择相应的参考图

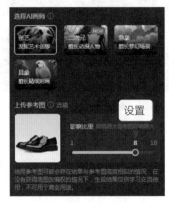

图 4.17　设置"影响比重"选项　　　图 4.18　单击"立即生成"按钮

步骤 05　执行操作后，即可根据参考图生成类似的图片，具体效果如图 4.14 所示。

4.2.3　使用关键词自定义图片风格

扫码看教程

　　【效果展示】在文心一格的"自定义"AI 绘画模式中，除了可以选择 AI 画师外，还可以输入自定义的画面风格关键词，从而生成各种类型的图片。具体来说，使用关键词自定义图片风格的效果如图 4.19 所示。

图 4.19　使用关键词自定义图片风格的效果

　　下面介绍使用关键词自定义图片风格的具体操作方法。

步骤 01　在"AI 创作"页面的"自定义"选项卡中输入相应关键词，设置"选择 AI 画师"为"创艺"，如图 4.20 所示。

步骤 02 在下方继续设置"尺寸"为 16：9、"数量"为 1、"画面风格"为"矢量画"，如图 4.21 所示。

图 4.20　设置"选择 AI 画师"选项　　　图 4.21　设置相应选项

步骤 03 单击"立即生成"按钮，即可生成相应风格的图片，具体效果如图 4.19 所示。

4.2.4　使用修饰词提升出图的质量

扫码看教程

【效果展示】使用修饰词可以提升文心一格的出图质量，而且修饰词还可以叠加使用。具体来说，使用修饰词提升出图质量的效果如图 4.22 所示。

下面介绍使用修饰词提升出图质量的具体操作方法。

步骤 01 在"AI 创作"页面的"自定义"选项卡中输入相应关键词，设置"选择 AI 画师"为"创艺"，如图 4.23 所示。

步骤 02 在下方继续设置"尺寸"为 3：2、"数量"为 1、"画面风格"为"矢量画"，如图 4.24 所示。

图 4.22　使用修饰词提升出图质量的效果图

图 4.23　设置"选择 AI 画师"选项　　　图 4.24　设置相应选项

步骤 03 单击"修饰词"下方的输入框，在弹出的面板中单击"cg 渲染"标签，如图 4.25 所示，即可将该修饰词添加到输入框中。

步骤 04 使用同样的操作方法，再添加一个"摄影风格"标签，如图 4.26 所示。

图 4.25 单击"cg 渲染"标签　　　　图 4.26 添加"摄影风格"标签

步骤 05 单击"立即生成"按钮，即可生成品质更高且更具摄影感的图片，具体效果如图 4.22 所示。

🔔 温馨提示

　cg 是计算机图形（computer graphics）的缩写，指使用计算机创建、处理和显示图形的技术。

4.2.5　使用关键词模拟艺术家的风格

扫码看教程

【效果展示】在文心一格的"自定义"AI 绘画模式中，可以添加合适的艺术家效果关键词，来模拟特定的艺术家绘画风格生成相应的图片效果。具体来说，使用关键词模拟艺术家风格的效果如图 4.27 所示。

图 4.27　使用关键词模拟艺术家风格的效果

下面介绍使用关键词模拟艺术家风格的具体操作方法。

步骤 01 在"AI 创作"页面的"自定义"选项卡中输入相应关键词，设置"选择 AI 画师"为"创艺"，如图 4.28 所示。

步骤 02 在下方继续设置"尺寸"为 16∶9、"数量"为 1、"画面风格"为"工笔画"，如图 4.29 所示。

步骤 03 单击"修饰词"下方的输入框，在弹出的面板中单击"高清"标签，如图 4.30

所示，即可将该修饰词添加到输入框中。

步骤 04 在"艺术家"下方的输入框中输入相应的艺术家名称，如图 4.31 所示。

图 4.28 设置"选择 AI 画师"选项

图 4.29 设置相应选项

图 4.30 单击"高清"标签

图 4.31 输入相应的艺术家名称

步骤 05 单击"立即生成"按钮，即可生成相应艺术家风格的图片，具体效果如图 4.27 所示。

4.2.6 使用设置功能减少内容的出现频率

【效果展示】在文心一格的"自定义"AI 绘画模式中，可以设置"不希望出现的内容"选项，从而在一定程度上减少该内容出现的概率。具体来说，使用设置功能减少内容出现频率的效果如图 4.32 所示。

扫码看教程

图 4.32 使用设置功能减少内容出现频率的效果

下面介绍使用设置功能减少内容出现频率的具体操作方法。

步骤 **01** 在"AI 创作"页面的"自定义"选项卡中输入相应关键词，设置"选择 AI 画师"为"创艺"，如图 4.33 所示。

步骤 **02** 在下方继续设置"尺寸"为 16 : 9、"数量"为 1、"画面风格"为"工笔画"，如图 4.34 所示。

图 4.33　设置"选择 AI 画师"选项

图 4.34　设置相应选项

步骤 **03** 单击"修饰词"下方的输入框，在弹出的面板中单击"写实"标签，如图 4.35 所示，即可将该修饰词添加到输入框中。

步骤 **04** 在"不希望出现的内容"下方的输入框中输入"人脸"，如图 4.36 所示，表示降低人脸在画面中出现的频率。

图 4.35　单击"写实"标签

图 4.36　输入"人脸"

步骤 **05** 单击"立即生成"按钮，即可生成相应的图片，具体效果如图 4.32 所示。

AI 视频：
使用剪映制作电商广告

第 5 章

🔊 **本章要点**

随着 AI 技术研发的深入，AI 可以实现自动编辑视频、场景识别和图像增强等功能，这意味着 AI 绘画作品可以通过 AI 自动转化为视频，进一步拓展了 AI 绘画的应用场景。本章主要介绍使用剪映制作 AI 视频的方法，帮助大家提高制作视频的效率。

5.1 使用剪映制作 AI 视频的步骤

剪映具有强大的 AI 视频制作功能，用户可以使用剪映快速剪辑、调整画面、添加文字和音乐，从而打造精彩纷呈的视频效果。本节将讲解从文案到图片，再到运用剪映生成 AI 视频的步骤。

5.1.1 使用 ChatGPT 生成关键词

【效果展示】在制作视频前，可以使用 ChatGPT 生成关键词，以便告诉 AI 我们需要生成一个什么样的作品。具体来说，使用 ChatGPT 生成关键词的效果如图 5.1 所示。

扫码看教程

> OU　请将上述描述翻译为英文
>
> This refrigerator has a simple and stylish appearance, featuring stainless steel material that exudes a modern vibe. The front door is equipped with a large touchscreen for easy operation. With separate compartments for refrigeration and freezing, it meets various food storage needs. The smart connectivity function allows remote control. Its high-end and exquisite exterior design make it a highlight in any home setting.

图 5.1　使用 ChatGPT 生成关键词的效果

下面介绍使用 ChatGPT 生成关键词的具体操作方法。

步骤 01　在 ChatGPT 的输入框中输入对应的关键词，如输入"请用 150 字左右描述某款冰箱的外观"，单击输入框右侧的"发送"按钮▶（或按 Enter 键），如图 5.2 所示。

请用150字左右描述某款冰箱的外观　　　　　　　单击 ▶▶

Free Research Preview. ChatGPT may produce inaccurate information about people, places, or facts. ChatGPT July 20 Version

图 5.2　输入关键词

步骤 02　执行操作后，ChatGPT 即可根据要求生成相应的内容，如图 5.3 所示。

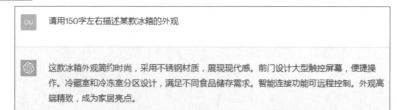

> OU　请用150字左右描述某款冰箱的外观
>
> 这款冰箱外观简约时尚，采用不锈钢材质，展现现代感。前门设计大型触控屏幕，便捷操作。冷藏室和冷冻室分区设计，满足不同食品储存需求。智能连接功能可远程控制。外观高端精致，成为家居亮点。

图 5.3　ChatGPT 根据要求生成相应的内容

步骤 03　在 ChatGPT 中继续输入"请将上述描述翻译为英文"，单击输入框右侧的"发送"按钮▶（或按 Enter 键），如图 5.4 所示，让 ChatGPT 提供翻译帮助。

图 5.4　让 ChatGPT 提供翻译帮助

步骤 04　执行操作后，即可使用 ChatGPT 生成描述冰箱外观的关键词，具体效果如图 5.1 所示。

⚠️ **温馨提示**

　　本小节是以同一类商品为例讲解视频制作的方法。如果是在一个视频中宣传多种类别的商品，则需要按照上述操作生成多个不同的关键词。

　　当然，也可以复制 ChatGPT 给出的中文外观描述，将其粘贴至翻译网站的输入框中，获得对应的英文关键词，如图 5.5 所示。

图 5.5　通过翻译网站获得对应的英文关键词

　　在获得 ChatGPT 的回复并确认 ChatGPT 的翻译无误之后，即可将其复制粘贴至 Midjourney 中作为关键词备用。

5.1.2　使用 Midjourney 绘制宣传图

扫码看教程

【效果展示】在 ChatGPT 中生成相应的关键词后，接下来就可以使用 Midjourney 绘制需要的宣传图了，效果如图 5.6 所示。

图 5.6　使用 Midjourney 绘制的宣传图效果

　　下面介绍使用 Midjourney 绘制宣传图的具体操作方法。

步骤 01　复制刚刚获得的英文关键词，并将其粘贴至 /imagine 指令的后面，如图 5.7 所示。

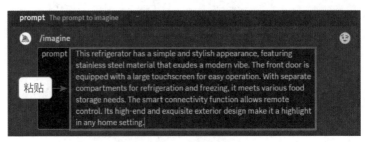

图 5.7　粘贴英文关键词

步骤 02　按 Enter 键确认，即可根据关键词生成冰箱的图片，如图 5.8 所示。

步骤 03　单击图片下方的"循环"按钮 ⟳，使用同样的关键词再次生成 4 张冰箱的图片，如图 5.9 所示。

图 5.8　根据关键词生成冰箱的图片　　　图 5.9　再次生成 4 张冰箱的图片

步骤 04　从这些生成的图片中选择合适的图片作为宣传视频的素材，部分宣传视频的素材效果如图 5.6 所示。

5.1.3　使用剪映制作商品的宣传视频

扫码看教程

【效果展示】使用剪映的"模板"功能，可以快速生成各种类型的视频效果，而且用户可以自行替换模板中的视频或图片素材，轻松地编辑和分享自己的视频。具体来说，使用剪映制作商品宣传视频的效果如图 5.10 所示。

图 5.10　使用剪映制作商品宣传视频的效果

图 5.10　使用剪映制作商品宣传视频的效果（续）

下面介绍使用剪映制作商品宣传视频的具体操作方法。

步骤 01　启动剪映电脑版，在"首页"界面的左侧导航栏中单击"模板"按钮，如图 5.11 所示。

图 5.11　单击"模板"按钮

步骤 02　执行操作后，进入"模板"界面，在顶部的搜索框中输入"商品宣传模板"，如图 5.12 所示。

图 5.12　输入"商品宣传模板"

步骤 03　按 Enter 键确认，即可搜索到相关的视频模板；接着选择相应的模板，单击"使用模板"按钮，如图 5.13 所示。

图 5.13 单击"使用模板"按钮

步骤 04 执行操作后，即可下载该模板并进入模板使用界面，单击"导入"按钮，如图 5.14 所示。

图 5.14 单击"导入"按钮

步骤 05 在弹出的"请选择媒体资源"对话框中选择要导入的图片素材，单击"打开"按钮，如图 5.15 所示，即可将素材导入剪映。

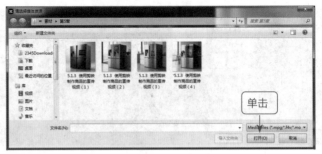

图 5.15 单击"打开"按钮

步骤 06 选中所有导入的素材，单击某个素材右下方的"添加到轨道"按钮●，如图 5.16 所示。

步骤 07 如果轨道中出现对应的图片素材，则说明图片素材已经被成功添加至模板中。单击"完成"按钮，如图 5.17 所示，即可完成视频的制作。

AI

AI绘画＋AI电商广告制作从入门到精通

图 5.16 单击"添加到轨道"按钮

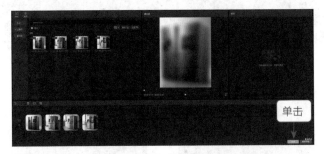

图 5.17 单击"完成"按钮

步骤 08 在"播放器"窗口中单击"播放"按钮▶,预览视频效果,具体效果如图 5.10 所示。

5.2 解锁剪映 AI 视频的新玩法

除了导入图片制作视频之外,还可以借助剪映的 AI 功能做一些其他的事情。本节就来解锁剪映 AI 视频的一些新玩法。

5.2.1 使用文字制作电商广告视频

【效果展示】剪映具有强大的图文成片功能,用户只需输入相应的文字内容,剪映即可利用 AI 技术给文案配图、配音和配乐。用户只需替换其中的内容即可快速生成自己的视频作品,效果如图 5.18 所示。

扫码看教程

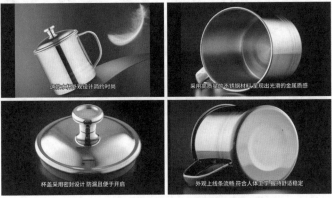

图 5.18 使用文字制作电商广告视频的效果

下面介绍使用文字制作电商广告视频的具体操作方法。

步骤 01 启动剪映电脑版，在"首页"界面中单击"图文成片"按钮，如图5.19所示。

图 5.19 单击"图文成片"按钮

步骤 02 执行操作后，会弹出"图文成片"对话框，如图5.20所示。

步骤 03 在"图文成片"对话框中输入文字内容，单击"生成视频"按钮，如图5.21所示。

图 5.20 "图文成片"对话框　　图 5.21 单击"生成视频"按钮

步骤 04 稍等片刻，剪映会自动调取素材生成视频的雏形，如图5.22所示。

图 5.22 生成视频的雏形

步骤 05 将鼠标光标定位在第一个素材上并右击，在弹出的快捷菜单中选择"替换片段"选项，如图5.23所示，将图文不太相符的素材替换掉。

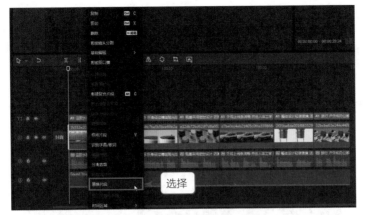

图 5.23 选择"替换片段"选项

步骤 06 执行操作后,弹出"请选择媒体资源"对话框,选择相应的图片素材,单击"打开"按钮, 如图 5.24 所示。

步骤 07 打开"替换"对话框, 单击"替换片段"按钮, 如图 5.25 所示。

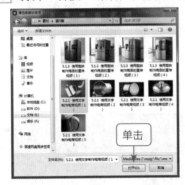 

图 5.24　单击"打开"按钮　　　　图 5.25　单击"替换片段"按钮

步骤 08 执行操作后, 即可将该图片素材替换到视频片段中, 同时导入到本地媒体资源库中, 如图 5.26 所示。运用这个方法, 可以将其他不合适的素材替换掉。

图 5.26　将图片素材替换到视频片段中

步骤 09 在"播放器"窗口中单击"播放"按钮 ▶, 预览视频,具体效果如图 5.18 所示。

当用户确认视频无误后，便可以单击"导出"按钮导出视频。

5.2.2 使用智能抠像替换图像

扫码看教程

通过剪映进行智能抠像处理，可以轻松实现图像分离和替换的效果。这项功能也可以应用于电商广告视频的制作中，如将模特形象从一个场景中提取出来，以便在另一个背景下进行后期编辑或创作。具体来说，使用智能抠像替换图像的效果如图 5.27 所示。

图 5.27　使用智能抠像替换图像的效果

下面介绍使用智能抠像替换图像的具体操作方法。

步骤 01　在剪映电脑版中导入视频素材并将其添加到视频轨道中，如图 5.28 所示。

图 5.28　将视频素材添加到视频轨道中

步骤 02　重复上一步操作，导入图片素材并将其添加到视频轨道中，然后将图片素材移动到视频素材的下方，并将图片素材的时长调整到和视频素材的时长一致，如图 5.29 所示。

图 5.29　调整图片素材的时长

步骤 03 执行操作后，单击视频轨道中的视频素材将其选中，如图 5.30 所示。

图 5.30　单击视频轨道中的视频素材

步骤 04 在右上角的"画面"功能区中切换至"抠像"选项卡，勾选"智能抠像"复选框，如图 5.31 所示。

图 5.31　勾选"智能抠像"复选框

步骤 05 执行操作后，即可将视频进行智能抠像处理。单击"播放"按钮 ▶，预览智能抠像效果，具体效果如图 5.27 所示。

🔔 **温馨提示**

　　剪映智能抠像的效果比较有限，如果对视频的要求比较高，还需要对抠像视频进行一些后期处理。

网店 LOGO：
制作有辨识度的店标

第 **6** 章

◀》 **本章要点**

    LOGO 是网店的一个重要标志，有辨识度的网店标志不仅可以快速吸引消费者的目光，还可以给消费者留下深刻的印象，将消费者变成忠实的客户。本章就来介绍网店 LOGO 的制作和设计方法，帮助大家快速制作出有辨识度的网店标志。

6.1 网店 LOGO 的设计分析

LOGO 是一个网店的标志和门面，因此在经营网店时一定要做好 LOGO 的设计。那么，如何做好网店 LOGO 的设计呢？本节将介绍网店 LOGO 的设计要点。

6.1.1 网店 LOGO 要引人注目

人是视觉动物，当看到那些引人注目的网店 LOGO 时，很多消费者都会想要进店看一看，这样一来，网店的客流量自然就增加了。

6.1.2 网店 LOGO 要符合定位

网店定位就是确定店铺的服务范围或销售范围，网店的定位不同，LOGO 也会有所差异。网店 LOGO 要符合定位，即 LOGO 和网店的服务范围或销售范围要保持一致，不能脱离服务范围或销售范围去设计 LOGO。

图 6.1 所示为某水果店的 LOGO，这两个 LOGO 就是比较符合店铺定位的，消费者一看到 LOGO 中的水果就能知道这个店铺里卖的是什么。

图 6.1 某水果店的 LOGO

6.1.3 网店 LOGO 要简洁明了

网店 LOGO 要简洁明了，是指看到 LOGO 之后就能立即知道这个店铺的服务范围或销售范围。图 6.2 所示为网店的两个 LOGO，这两个 LOGO 显然不够简洁明了，因为消费者看到这两个 LOGO 之后可能很难快速明白网店的服务范围或销售范围。

图 6.2　网店的两个 LOGO

6.1.4　网店 LOGO 要具有独特性

网店 LOGO 应该是独特的，且与其他网店的 LOGO 区别开来，这有助于消费者迅速辨认并记住你的店铺。

图 6.3 所示为两个水果类网店的 LOGO（右侧的 LOGO 是参照左侧的 LOGO 进行设计的）。很显然，新设计的 LOGO 不太具有独特性，因为它与参照对象的相似性太强了。

图 6.3　两个水果类网店的 LOGO

6.2　美妆店 LOGO 的制作技巧

美妆店 LOGO 的制作可以分为 6 步，即获取美妆店 LOGO 的外观描述、得到美妆店 LOGO 的关键词、生成美妆店 LOGO 的图片、确定美妆店 LOGO 的风格、设置美妆店 LOGO 的参数和调整美妆店 LOGO 的效果。下面具体讲解。

6.2.1 使用 ChatGPT 获取美妆店 LOGO 的外观描述

【效果展示】有时候我们可能难以凭自己的想象去设计店铺的 LOGO，此时不妨对 ChatGPT 进行提问，并从 ChatGPT 的回答中获取店铺 LOGO 的外观描述。具体来说，使用 ChatGPT 获取美妆店 LOGO 的外观描述的效果如图 6.4 所示。

扫码看教程

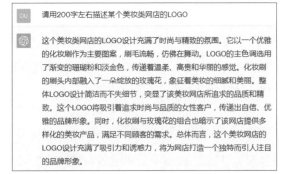

图 6.4　使用 ChatGPT 获取美妆店 LOGO 的外观描述的效果

下面介绍使用 ChatGPT 获取美妆店 LOGO 的外观描述的具体操作方法。

步骤 01 在 ChatGPT 的输入框中输入美妆店 LOGO 的相关关键词，如"请用 200 字左右描述某个美妆类网店的 LOGO"，单击输入框右侧的"发送"按钮 ▶（或按 Enter 键），如图 6.5 所示。

图 6.5　输入关键词

步骤 02 执行操作后，ChatGPT 即可根据要求生成相应的内容，具体效果如图 6.4 所示。

6.2.2 使用百度翻译得到美妆店 LOGO 的关键词

【效果展示】通过 ChatGPT 获取美妆店 LOGO 的外观描述之后，可以从中提取关键词，并使用百度翻译将关键词翻译为英文，以便直接在 AI 绘画工具中输入。具体来说，使用百度翻译得到美妆店 LOGO 关键词的效果如图 6.6 所示。

扫码看教程

图 6.6　使用百度翻译得到美妆店 LOGO 关键词的效果

下面介绍使用百度翻译得到美妆店 LOGO 关键词的具体操作方法。

步骤 01 从 6.2.1 小节的 ChatGPT 的回答中总结出美妆店 LOGO 的关键词，如"这个美妆类网店的 LOGO 设计充满了时尚与精致的氛围，它以一个优雅的化妆刷作为主要图案，刷毛流畅，仿佛在舞动，LOGO 的主色调选用了渐变的珊瑚粉和淡金色，化妆刷的刷头内部融入了一朵绽放的玫瑰花，整体 LOGO 设计简洁而不失细节"，并通过百度翻译转换为英文，如图 6.7 所示。

图 6.7　通过百度翻译将美妆店 LOGO 关键词转换为英文

步骤 02　在百度翻译中，对美妆店 LOGO 的关键词进行适当调整，让关键词信息更容易被 Midjourney 识别出来，具体效果如图 6.6 所示。

6.2.3　使用 Midjourney 生成美妆店 LOGO 的图片

扫码看教程

【效果展示】通过百度翻译获得美妆店 LOGO 外观描述的关键词之后，可以借助 Midjourney 的 /imagine 指令生成对应的图片。具体来说，使用 Midjourney 生成美妆店 LOGO 图片的效果如图 6.8 所示。

下面介绍使用 Midjourney 生成美妆店 LOGO 图片的具体操作方法。

步骤 01　选中 6.2.2 小节中用百度翻译生成的英文关键词并右击，在弹出的快捷菜单中选择"复制"选项，如图 6.9 所示。

图 6.8　使用 Midjourney 生成美妆
　　　　店 LOGO 图片的效果

图 6.9　选择"复制"选项

步骤 02　在 Midjourney 主页下面的输入框内输入"/"，选择 /imagine 选项，在输入框中粘贴刚刚复制的英文关键词，如图 6.10 所示。

图 6.10　粘贴刚刚复制的英文关键词

步骤 03　按 Enter 键确认，即可使用 /imagine 指令生成 4 张美妆店 LOGO 的图片，如图 6.11 所示。

图 6.11 生成 4 张美妆店 LOGO 的图片

步骤 04 如果对某张图片比较满意，可以单击对应的 U 按钮，查看图片的效果。例如，单击 U3 按钮，图片的具体效果如图 6.8 所示。

6.2.4 使用 Midjourney 确定美妆店 LOGO 的风格

【效果展示】直接使用百度翻译得到的关键词生成的图片可能达不到预期的效果，此时可以使用 Midjourney 再次进行调整。例如，在 Midjourney 中输入关键词以确定美妆店 LOGO 的风格。具体来说，使用 Midjourney 确定美妆店 LOGO 风格的效果如图 6.12 所示。

扫码看教程

下面介绍使用 Midjourney 确定美妆店 LOGO 风格的具体操作方法。

步骤 01 在 6.2.3 小节使用的关键词的后面添加风格的对应关键词，如 Minimalism Style（极简主义风格），如图 6.13 所示。

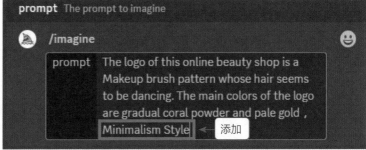

图 6.12 使用 Midjourney
确定美妆店 LOGO 风格的效果

图 6.13 添加风格的对应关键词

步骤 02 执行操作后，按 Enter 键确认，即可为图片添加画面风格，使画面的视觉效果更加突出，如图 6.14 所示。

图 6.14　为图片添加画面风格

步骤 03　如果对某张图片比较满意，可以单击对应的 U 按钮，查看图片的效果。例如，单击 U4 按钮，图片的具体效果如图 6.12 所示。

6.2.5　使用 Midjourney 设置美妆店 LOGO 的参数

扫码看教程

【效果展示】在 Midjourney 中直接输入对应的关键词，即可完成美妆店 LOGO 参数的设置。具体来说，使用 Midjourney 设置美妆店 LOGO 参数的效果如图 6.15 所示。

图 6.15　使用 Midjourney 设置美妆店 LOGO 参数的效果

下面介绍使用 Midjourney 设置美妆店 LOGO 参数的具体操作方法。

步骤 01　在 /imagine 指令的后面粘贴 6.2.4 小节中的关键词，并添加参数的对应关键词，如 4K --ar 3:4，如图 6.16 所示。

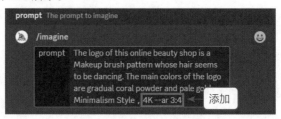

图 6.16　添加参数的对应关键词

步骤 **02** 执行操作后，按 Enter 键确认，即可设置美妆店 LOGO 的参数，效果如图 6.17 所示。

图 6.17 设置美妆店 LOGO 参数的效果

步骤 **03** 如果对某张图片比较满意，可以单击对应的 U 按钮，查看图片的效果。例如，单击 U4 按钮，图片的具体效果如图 6.15 所示。

6.2.6 使用 Midjourney 调整美妆店 LOGO 的效果

【效果展示】当对生成的美妆店 LOGO 不太满意时，还可以使用 Midjourney 调整效果。具体来说，使用 Midjourney 调整美妆店 LOGO 的效果如图 6.18 所示。

扫码看教程

图 6.18 使用 Midjourney 调整美妆店 LOGO 的效果

下面介绍使用 Midjourney 调整美妆店 LOGO 效果的具体操作方法。

步骤 **01** 单击图 6.17 中生成的 4 张图片中某张图片对应的 V 按钮，如单击 V4 按钮，如图 6.19 所示。

步骤 **02** 执行操作后，会根据第 4 张图片重新生成 4 张图片，如图 6.20 所示。

步骤 **03** 如果对某张图片比较满意，可以单击对应的 U 按钮，查看图片的效果。例如，单击 U4 按钮，图片的具体效果如图 6.18 所示。

图 6.19　单击 V4 按钮　　　　　图 6.20　根据第 4 张图片重新生成 4 张图片

6.3　钟表店 LOGO 的制作技巧

制作钟表店的 LOGO 只需按照 6.2 节介绍的方法进行操作即可，本节就来讲解具体的操作步骤。

6.3.1　使用 ChatGPT 获取钟表店 LOGO 的外观描述

扫码看教程

【效果展示】使用 ChatGPT 获取钟表店 LOGO 的外观描述的效果如图 6.21 所示。

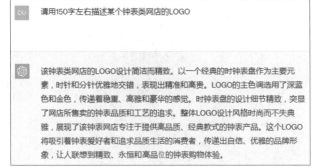

图 6.21　使用 ChatGPT 获取钟表店 LOGO 的外观描述的效果

下面介绍使用 ChatGPT 获取钟表店 LOGO 的外观描述的具体操作方法。

步骤 01　在 ChatGPT 的输入框中输入钟表店 LOGO 的相关关键词，如"请用 150 字左右描述某个钟表类网店的 LOGO"，单击输入框右侧的"发送"按钮 ▶（或按 Enter 键），如图 6.22 所示。

图 6.22　输入关键词

步骤 02 执行操作后，ChatGPT 即可根据要求生成相应的内容，具体效果如图 6.21 所示。

6.3.2　使用百度翻译得到钟表店 LOGO 的关键词

【效果展示】我们可以从 ChatGPT 的回答中提取关键词，并使用百度翻译将其翻译为英文。具体来说，使用百度翻译得到钟表店 LOGO 关键词的效果如图 6.23 所示。

扫码看教程

图 6.23　使用百度翻译得到钟表店 LOGO 关键词的效果

下面介绍使用百度翻译得到钟表店 LOGO 关键词的具体操作方法。

步骤 01 从 6.3.1 小节 ChatGPT 的回答中总结出钟表店 LOGO 的关键词，如"该钟表类网店的 LOGO 设计简洁而精致，以一个经典的时钟表盘作为主要元素，时针和分针优雅地交错，LOGO 的主色调选用了深蓝色和金色，时钟表盘的设计细节精致，整体 LOGO 设计风格时尚而不失典雅"，并通过百度翻译转换为英文，如图 6.24 所示。

图 6.24　通过百度翻译将钟表店 LOGO 关键词转换为英文

步骤 02 在百度翻译中，对钟表店 LOGO 的关键词进行适当调整，让关键词信息更容易被 Midjourney 识别出来，具体效果如图 6.23 所示。

6.3.3　使用 Midjourney 生成钟表店 LOGO 的图片

【效果展示】通过百度翻译获得钟表店 LOGO 外观的关键词之后，可以借助 Midjourney 的 /imagine 指令生成对应的图片。具体来说，使用 Midjourney 生成钟表店 LOGO 图片的效果如图 6.25 所示。

扫码看教程

图 6.25　使用 Midjourney 生成钟表店 LOGO 图片的效果

下面介绍使用 Midjourney 生成钟表店 LOGO 图片的具体操作方法。

步骤 01 选中 6.3.2 小节用百度翻译生成的英文关键词并右击，在弹出的快捷菜单中选择"复制"选项，如图 6.26 所示。

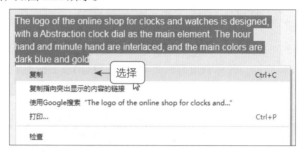

图 6.26 选择"复制"选项

步骤 02 在 Midjourney 主页下面的输入框内输入"/"，选择 /imagine 选项，在输入框中粘贴刚刚复制的英文关键词，如图 6.27 所示。

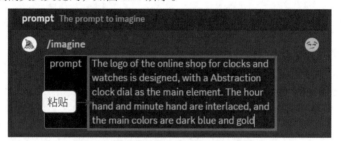

图 6.27 粘贴刚刚复制的英文关键词

步骤 03 按 Enter 键确认，即可使用 /imagine 指令生成 4 张钟表店 LOGO 的图片，如图 6.28 所示。

图 6.28 生成 4 张钟表店 LOGO 的图片

步骤 04 如果对某张图片比较满意，可以单击对应的 U 按钮，查看图片的效果。例如，单击 U4 按钮，图片的具体效果如图 6.25 所示。

6.3.4　使用 Midjourney 确定钟表店 LOGO 的风格

【效果展示】当使用百度翻译得到的关键词生成的图片达不到预期的效果时，我们可以使用 Midjourney 来确定钟表店 LOGO 的风格，实现图片的再次调整。具体来说，使用 Midjourney 确定钟表店 LOGO 风格的效果如图 6.29 所示。

扫码看教程

图 6.29　使用 Midjourney 确定钟表店 LOGO 风格的效果

下面介绍使用 Midjourney 确定钟表店 LOGO 风格的具体操作方法。

步骤 01　在 6.3.3 小节使用的关键词的后面添加风格的对应关键词，如 Retro Style（复古风格），如图 6.30 所示。

图 6.30　添加风格的对应关键词

步骤 02　执行操作后，按 Enter 键确认，即可为图片添加画面风格，使画面的视觉效果更加突出，如图 6.31 所示。

图 6.31　为图片添加画面风格

步骤 03　如果对某张图片比较满意，可以单击对应的 U 按钮，查看图片的效果。例如，单击 U4 按钮，图片的具体效果如图 6.29 所示。

075

6.3.5 使用 Midjourney 设置钟表店 LOGO 的参数

【效果展示】在 Midjourney 中直接输入对应的关键词，即可完成钟表店 LOGO 参数的设置。具体来说，使用 Midjourney 设置钟表店 LOGO 参数的效果如图 6.32 所示。

下面介绍使用 Midjourney 设置钟表店 LOGO 参数的具体操作方法。

步骤 01 在 /imagine 指令的后面粘贴 6.3.4 小节中的关键词，并添加参数的对应关键词，如 8K --ar 3:4，如图 6.33 所示。

图 6.32 使用 Midjourney 设置 钟表店 LOGO 参数的效果

图 6.33 添加参数的对应关键词

步骤 02 执行操作后，按 Enter 键确认，即可设置钟表店 LOGO 的参数，效果如图 6.34 所示。

图 6.34 设置钟表店 LOGO 参数的效果

步骤 03 如果对某张图片比较满意，可以单击对应的 U 按钮，查看图片的效果。例如，单击 U2 按钮，图片的具体效果如图 6.32 所示。

6.3.6 使用 Midjourney 调整钟表店 LOGO 的效果

【效果展示】当对生成的钟表店 LOGO 不太满意时，还可以使用 Midjourney 调整效果。具体来说，使用 Midjourney 调整钟表店 LOGO 的效果如图 6.35 所示。

下面介绍使用 Midjourney 调整钟表店 LOGO 效果的具体操作方法。

步骤 01 对 6.3.5 小节中使用的关键词进行调整，并将其粘贴至 /imagine 指令的后面，如图 6.36 所示。

图 6.35　使用 Midjourney 调整　　图 6.36　将调整后的关键词粘贴至 /imagine 指令的后面
钟表店 LOGO 的效果

步骤 02　按 Enter 键确认，使用 /imagine 指令生成 4 张钟表店 LOGO 的图片，单击某张图片对应的 V 按钮，如单击 V2 按钮，如图 6.37 所示。

步骤 03　执行操作后，即可根据第 2 张图片重新生成 4 张图片，如图 6.38 所示。

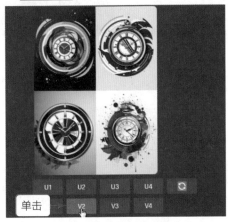

图 6.37　单击 V2 按钮

图 6.38　根据第 2 张图片重新生成 4 张图片

步骤 04　如果对某张图片比较满意，可以单击对应的 U 按钮，查看图片的效果。例如，单击 U2 按钮，图片的具体效果如图 6.35 所示。

🔔 温馨提示

使用 Midjourney 调整钟表店 LOGO 的效果之后，生成的图片中可能会存在一些多余的元素。对于这种情况，可以使用图片处理工具删除多余的元素，实现对图片的再次调整。

网店招牌：

设计与制作旺铺的店招

第 7 章

🔊 **本章要点**

　　店招是店铺品牌展示的窗口，是消费者对于店铺第一印象的重要来源。鲜明而有特色的店招对于网店店铺形成品牌和商品定位具有不可替代的作用。本章将详细介绍旺铺店招设计与制作的方法。

7.1　网店招牌的设计分析

店招就是店铺的招牌。消费者掌握店铺和品牌信息的直接来源就是店招，其次才是店铺设计的整体视觉。对于商家而言，店招可以让消费者在进入店铺的一瞬间就知道店铺经营的品牌的信息，快速吸引目标消费群体。本节将从设计网店招牌的意义和网店招牌的设计要求两个方面进行网店招牌的设计分析。

7.1.1　设计网店招牌的意义

店招位于网店首页的顶端，是大部分消费者最先了解和接触到的信息。店招是店铺的标志，大部分店招都是由商品图片、宣传语、店铺名称等组成的。漂亮的店招可以吸引更多消费者进入店铺，让商品获得更多的成交机会。

7.1.2　网店招牌的设计要求

从网店商品的品牌推广来看，如果想要在整个网店中让店招便于记忆，那么在店招的设计上就需要具备新颖、易于传播等特点。图7.1所示为易于传播的店招设计，看到这个店招之后，消费者很容易通过"让轻食更美味"这个口号和右侧的相关商品记住这个网店。

图7.1　易于传播的店招设计

一个好的店招设计，除了可以给消费者传达明确的信息外，还可以在方寸之间表现出深刻的精神内涵和艺术感染力。要做到这些，在设计店招时需要满足以下设计要求。

1. 选择合适的店招素材

店招图片的素材通常可以从网上或者素材光盘中收集。通过搜索网站输入关键词可以很快找到很多相关的图片素材，也可以登录设计资源网站，找到更多精美、专业的图片。下载图片素材时，要选择尺寸大、清晰度高、无任何版权问题且适合自己店铺的图片。

2. 突出网店的独特性质

店招是用来表达店铺的独特性质的，如果想要让消费者了解到店铺的独特性质、风格和情感，那么要特别注意避免与其他店铺的店招雷同。因此，店招在设计上需要讲究个性化，让店招与众不同、别出心裁。图7.2所示为个性化的店招设计。

图7.2　个性化的店招设计

3. 让你的店招过目不忘

设计一个好的店招应从颜色、图案、字体及动画等几方面入手。在符合店铺类型的基础上，使用醒目的颜色、独特的图案、精致的字体，以及强烈的动画效果给人留下深刻的印象。图 7.3 所示为使用醒目颜色的店招设计。

图 7.3　使用醒目颜色的店招设计

7.2　水果店店招的制作技巧

店招的制作可以分为 6 步，即获取店招的外观描述、得到店招的关键词、生成店招的图片、设置店招的参数、调整店招的效果和制作店招的文案。本节就以制作水果店的店招为例，讲解店招的具体制作技巧。

7.2.1　使用 ChatGPT 获取水果店店招的外观描述

扫码看教程

【效果展示】当不知道如何获取水果店店招的外观描述时，可以直接在 ChatGPT 中输入关键词，从 ChatGPT 的回答中获取水果店店招的外观描述，效果如图 7.4 所示。

> 请用200字左右描述某个水果类网店的店招
>
> 某个水果类网店的店招如下：店招采用鲜艳多彩的设计风格，旨在吸引顾客的目光。店招的背景以清新的蓝色为主，象征着清凉和新鲜。店招的上方以大字体展示网店名称，字体通常选择明快的橙色或绿色，增加视觉冲击力。店招中央是一系列诱人的水果图案，如红色苹果、黄色香蕉、绿色西瓜等，突出网店的主营产品。水果图案表现出丰富的色彩和生动的质感，营造出健康和美味的氛围。店招的下方可能标注网店特色，如"新鲜直达，健康滋补"，强调网店的优势和服务承诺。整体店招布局简洁明了，色彩鲜明，给人一种愉悦和健康的感觉。这样的店招能够吸引潜在顾客的目光，增加他们对网店的兴趣，促使他们进一步探索并购买水果产品。

图 7.4　使用 ChatGPT 获取水果店店招的外观描述的效果

下面介绍使用 ChatGPT 获取水果店店招外观描述的具体操作方法。

步骤 01　在 ChatGPT 的输入框中输入水果店店招的相关关键词，如"请用 200 字左右描述某个水果类网店的店招"，单击输入框右侧的"发送"按钮▶（或按 Enter 键），如图 7.5 所示。

步骤 02　执行操作后，ChatGPT 即可根据要求生成相应的内容，具体效果如图 7.4 所示。

请用200字左右描述某个水果类网店的店招   单击 ➡ ▶

Free Research Preview. ChatGPT may produce inaccurate information about people, places, or facts. ChatGPT May 24 Version

图 7.5　输入关键词

7.2.2　使用百度翻译得到水果店店招的关键词

扫码看教程

【效果展示】通过 ChatGPT 获取水果店店招的外观描述之后，可以从中提取关键词，并使用百度翻译将关键词翻译为英文，以便直接在 AI 绘画工具中输入。具体来说，使用百度翻译得到水果店店招关键词的效果如图 7.6 所示。

这个店铺招牌采用鲜艳多彩的设计风格，布局简洁明了，背景以蓝色为主，上方以大字体展示网店名称，中央是一系列诱人的水果图案，下方标注了网店的特色

This store's signboard adopts a bright and colorful design style, with a simple and clear layout. The background is mainly blue, and the online store name is displayed in large font above. In the center is a series of tempting fruit patterns, and the characteristics of the online store are marked below

70/1000

图 7.6　使用百度翻译得到水果店店招关键词的效果

下面介绍使用百度翻译得到水果店店招关键词的具体操作方法。

步骤 01　从 7.2.1 小节 ChatGPT 的回答中总结出水果店店招的关键词，如"店铺招牌采用鲜艳多彩的设计风格，背景以蓝色为主，上方以大字体展示网店名称，字体通常选择明快的橙色或绿色，中央是一系列诱人的水果图案，水果图案表现出丰富的色彩和生动的质感，店招下方可能标注网店特色，整体店招布局简洁明了，色彩鲜明"，并通过百度翻译转换为英文，如图 7.7 所示。

店铺招牌采用鲜艳多彩的设计风格，背景以蓝色为主，上方以大字体展示网店名称，字体通常选择明快的橙色或绿色，中央是一系列诱人的水果图案，水果图案表现出丰富的色彩和生动的质感，店招下方可能标注网店特色，整体店招布局简洁明了，色彩鲜明

The store sign adopts a bright and colorful design style, with a blue background and a large font displaying the online store name above. The font is usually bright orange or green, with a series of tempting fruit patterns in the center. The fruit patterns display rich colors and vivid textures. The store sign may be marked with online store characteristics below, and the overall layout of the store sign is simple and clear, with bright colors

113/1000

图 7.7　通过百度翻译将水果店店招关键词转换为英文

步骤 02　在百度翻译中，对水果店店招的关键词进行适当调整，让关键词信息更容易被 Midjourney 识别出来，具体效果如图 7.6 所示。

7.2.3　使用 Midjourney 生成水果店店招的图片

扫码看教程

【效果展示】通过百度翻译得到水果店店招的关键词之后，可以借助 Midjourney 的 /imagine 指令生成水果店店招的图片。具体来说，使用 Midjourney 生成水果店店招图片的效果如图 7.8 所示。

图 7.8　使用 Midjourney 生成水果店店招图片的效果

下面介绍使用 Midjourney 生成水果店店招图片的具体操作方法。

步骤 01　选中 7.2.2 小节用百度翻译生成的英文关键词并右击，在弹出的快捷菜单中选择"复制"选项，如图 7.9 所示。

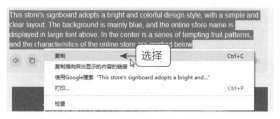

图 7.9　选择"复制"选项

步骤 02　在 Midjourney 主页下面的输入框内输入"/"，选择 /imagine 选项，在输入框中粘贴刚刚复制的英文关键词，如图 7.10 所示。

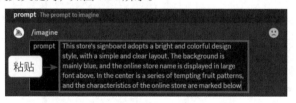

图 7.10　粘贴刚刚复制的英文关键词

步骤 03　按 Enter 键确认，即可使用 /imagine 指令生成 4 张水果店店招的图片，如图 7.11 所示。

图 7.11　生成 4 张水果店店招的图片

步骤 04　如果对某张图片比较满意，可以单击对应的 U 按钮，查看图片的效果。例如，单击 U3 按钮，图片的具体效果如图 7.8 所示。

7.2.4 使用 Midjourney 设置水果店店招的参数

【效果展示】可以直接使用 Midjourney 将水果店店招图片的参数设置为 4K 的高清画质和 950∶120 的比例，效果如图 7.12 所示。

扫码看教程

图 7.12　使用 Midjourney 设置水果店店招图片参数的效果

下面介绍使用 Midjourney 设置水果店店招图片参数的具体操作方法。

步骤 01　在 /imagine 指令的后面粘贴 7.2.3 小节中的关键词，并添加参数的对应关键词，如 4K --ar 950:120，如图 7.13 所示。

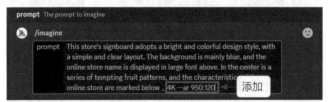

图 7.13　添加参数的对应关键词

步骤 02　执行操作后，按 Enter 键确认，即可设置水果店店招图片的参数，效果如图 7.14 所示。

图 7.14　设置水果店店招图片参数的效果

步骤 03　如果对某张图片比较满意，可以单击对应的 U 按钮，查看图片的效果。例如，单击 U4 按钮，图片的具体效果如图 7.12 所示。

7.2.5 使用 Midjourney 调整水果店店招的效果

【效果展示】设置图片参数之后，如果对水果店店招的效果不太满意，还可以使用 Midjourney 快速调整店招的效果，如图 7.15 所示。

扫码看教程

下面介绍使用 Midjourney 调整水果店店招效果的具体操作方法。

步骤 01　在百度翻译中对 7.2.4 小节的关键词（图片参数的关键词可以先不管）进行调整，如图 7.16 所示。

图 7.15　使用 Midjourney 调整水果店店招的效果

图7.16 在百度翻译中调整关键词

步骤 **02** 复制百度翻译中的英文关键词，将其粘贴至 /imagine 指令的后面，并添加参数的对应关键词，如 4K --ar 950:120，如图 7.17 所示。

图7.17 添加参数的对应关键词

步骤 **03** 执行操作后，按 Enter 键确认，生成 4 张水果店店招的图片，效果如图 7.18 所示。

图7.18 生成4张水果店店招的图片

步骤 **04** 单击相对满意的图片对应的 V 按钮，如单击 V3 按钮，以第 3 张图片为模板重新生成 4 张图片，效果如图 7.19 所示。

图7.19 以第3张图片为模板重新生成4张图片

步骤 **05** 如果对某张图片比较满意，可以单击对应的 U 按钮，查看图片的效果。例如，单击 U4 按钮，图片的具体效果如图 7.15 所示。

7.2.6 使用后期工具制作水果店店招图片的文案

扫码看教程

【效果展示】使用 Midjourney 获得比较满意的图片效果之后，可以使用后期工具制作水果店店招图片的文案，效果如图 7.20 所示。

图7.20 使用后期工具制作水果店店招图片文案的效果

下面以 PS（Adobe Photoshop 的简称，一款常用的图像处理软件）为例，介绍使用后期工具制作水果店店招图片文案的具体操作方法。

步骤 01 进入 PS 的默认界面，单击左侧的"打开"按钮，如图 7.21 所示。

图 7.21　单击"打开"按钮

步骤 02 在弹出的"打开"对话框中选择要上传的图片素材（即 7.2.5 小节中生成的效果图），单击"打开"按钮，如图 7.22 所示。

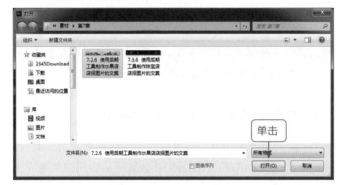

图 7.22　单击"打开"按钮

步骤 03 执行操作后，即可将图片素材上传至 PS 中，并进入 PS 的图片处理界面。将鼠标光标放置在图片处理界面左侧的 **T** 按钮上并右击，在弹出的列表中选择对应的文字排列工具选项，如选择"横排文字工具"选项，如图 7.23 所示。

步骤 04 在图片上要输入文字的位置单击并输入文字，即可在图片中添加文字，效果如图 7.24 所示。

图 7.23　选择"横排文字工具"选项

图 7.24　在图片中添加文字

步骤 05 添加文字之后，还可以调整文字的颜色和大小。以调整文字的颜色为例，单击工具栏中的色块按钮，如图 7.25 所示。

步骤 06 在弹出的"拾色器（文本颜色）"对话框中选择合适的颜色,单击"确定"按钮,如图 7.26 所示。

图 7.25　单击工具栏中的色块按钮　　　图 7.26　单击"确定"按钮

步骤 07　执行操作后，即可调整文字的颜色，具体效果如图 7.20 所示。

7.3　珠宝店店招的制作技巧

各类网店招牌的制作方法都是大同小异的。在制作珠宝店的店招时，可以参照 7.2 节中介绍的方法。本节将具体讲解珠宝店店招的制作技巧。

7.3.1　使用 ChatGPT 获取珠宝店店招的外观描述

【效果展示】当不知道如何设计珠宝店店招时，可以直接在 ChatGPT 中输入关键词，并从 ChatGPT 的回答中获取珠宝店店招的外观描述，效果如图 7.27 所示。

扫码看教程

> OU　请用200字左右描述某个珠宝类网店的店招
>
> 某个珠宝类网店的店招如下：店招设计高贵典雅，展现珠宝的奢华和魅力。店招背景色采用深紫色或暗红色，营造出神秘而优雅的氛围。店招上方用华丽的字体展示网店名称，通常选用金色或银色字体，瞬间吸引目光。店招中央是一系列精美的珠宝图案，如钻石项链、白金戒指等，图案采用高清效果，展现出珠宝的细腻和精湛工艺。店招下方可能标注网店口号，如"璀璨时光，珍爱永恒"，强调网店提供的珠宝代表了璀璨的时光，代表着永恒的珍爱。整体设计精致华贵，彰显了珠宝店的专业和品质。这样的店招能够吸引潜在顾客的目光，传达出珠宝的奢华与美丽，引导他们进入网店，探索并选购独具魅力的珠宝首饰。

图 7.27　使用 ChatGPT 获取珠宝店店招外观描述的效果

下面介绍使用 ChatGPT 获取珠宝店店招外观描述的具体操作方法。

步骤 01　在 ChatGPT 的输入框中输入珠宝店店招的相关关键词，如"请用 200 字左右描述某个珠宝类网店的店招"，单击输入框右侧的"发送"按钮 ▶（或按 Enter 键），如图 7.28 所示。

请用200字左右描述某个珠宝类网店的店招　　　　　　　单击 → ▶

Free Research Preview. ChatGPT may produce inaccurate information about people, places, or facts. ChatGPT May 24 Version

图 7.28　输入关键词

步骤 02　执行操作后，ChatGPT 即可根据要求生成相应的内容，具体效果如图 7.27 所示。

7.3.2　使用百度翻译得到珠宝店店招的关键词

【效果展示】通过 ChatGPT 获取珠宝店店招的外观描述之后，可以从中提取关键词，并使用百度翻译将关键词翻译为英文，以便直接在 AI 绘画工具中输入。具体来说，使用百度翻译得到珠宝店店招关键词的效果如图 7.29 所示。

扫码看教程

图 7.29　使用百度翻译得到珠宝店店招关键词的效果

下面介绍使用百度翻译得到珠宝店店招关键词的具体操作方法。

步骤 01　从 7.3.1 小节 ChatGPT 的回答中总结出珠宝店店招的关键词，如"店招设计高贵典雅，店招背景色采用深紫色或暗红色，店招上方用华丽的字体展示网店名称，店招中央是一系列精美的珠宝图案，图案采用高清效果，店招下方可能标注网店口号，整体设计精致华贵"，并通过百度翻译转换为英文，如图 7.30 所示。

图 7.30　通过百度翻译将珠宝店店招关键词转换为英文

步骤 02　在百度翻译中，对珠宝店店招的关键词进行适当调整，让关键词信息更容易被 Midjourney 识别出来，具体效果如图 7.29 所示。

7.3.3　使用 Midjourney 生成珠宝店店招的图片

【效果展示】通过百度翻译获得珠宝店店招的关键词之后，可以借助 Midjourney 的 /imagine 指令来生成珠宝店店招的图片。具体来说，使用 Midjourney 生成珠宝店店招图片的效果如图 7.31 所示。

扫码看教程

图 7.31　使用 Midjourney 生成珠宝店店招图片的效果

下面介绍使用 Midjourney 珠宝店店招图片的具体操作方法。

步骤 01　选中 7.3.2 小节用百度翻译生成的英文关键词并右击，在弹出的快捷菜单中选择"复制"选项，如图 7.32 所示。

图 7.32　选择"复制"选项

步骤 02　在 Midjourney 主页下面的输入框内输入"/"，选择 /imagine 选项，在输入框中粘贴刚刚复制的英文关键词，如图 7.33 所示。

图 7.33　粘贴刚刚复制的英文关键词

步骤 03　按 Enter 键确认，即可使用 /imagine 指令生成 4 张珠宝店店招的图片，如图 7.34 所示。

图 7.34　生成 4 张珠宝店店招的图片

步骤 04　如果对某张图片比较满意，可以单击对应的 U 按钮，查看图片的效果。例如，单击 U4 按钮，图片的具体效果如图 7.31 所示。

扫码看教程

7.3.4　使用 Midjourney 设置珠宝店店招的参数

【效果展示】可以直接使用 Midjourney 将珠宝店店招图片的参数设置为 8K

的高清画质和 950 ∶ 120 的比例，效果如图 7.35 所示。

图 7.35　使用 Midjourney 设置珠宝店店招图片参数的效果

下面介绍使用 Midjourney 设置珠宝店店招图片参数的具体操作方法。

步骤 01　在 /imagine 指令的后面粘贴 7.3.3 小节中的关键词，并添加参数的对应关键词，如 8K --ar 950:120，如图 7.36 所示。

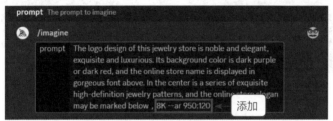

图 7.36　添加参数的对应关键词

步骤 02　执行操作后，按 Enter 键确认，即可设置珠宝店店招图片的参数，效果如图 7.37 所示。

图 7.37　设置珠宝店店招图片参数的效果

步骤 03　如果对某张图片比较满意，可以单击对应的 U 按钮，查看图片的效果。例如，单击 U2 按钮，图片的具体效果如图 7.35 所示。

7.3.5　使用 Midjourney 调整珠宝店店招的效果

扫码看教程

【效果展示】设置图片参数之后，如果对珠宝店店招的效果不太满意，还可以使用 Midjourney 快速调整店招的效果，如图 7.38 所示。

图 7.38　使用 Midjourney 调整珠宝店店招的效果

下面介绍使用 Midjourney 调整珠宝店店招效果的具体操作方法。

步骤 01　在百度翻译中对 7.3.4 小节中的关键词（图片参数的关键词可以先不管）进行调整，如图 7.39 所示。

图 7.39　在百度翻译中调整关键词

步骤 02　复制百度翻译中的英文关键词，将其粘贴至 /imagine 指令的后面，并添加参数的对应关键词，如 8K --ar 950:120，如图 7.40 所示。

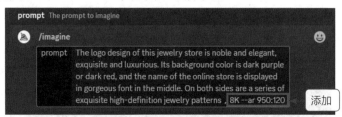

图 7.40　添加参数的对应关键词

步骤 03　执行操作后，按 Enter 键确认，生成 4 张珠宝店店招的图片，效果如图 7.41 所示。

图 7.41　生成 4 张珠宝店店招的图片

步骤 04　单击相对满意的图片对应的 V 按钮，如单击 V2 按钮，以第 2 张图片为模板重新生成 4 张图片，效果如图 7.42 所示。

图 7.42　以第 2 张图片为模板重新生成 4 张图片

步骤 05　如果对某张图片比较满意，可以单击对应的 U 按钮，查看图片的效果。例如，单击 U3 按钮，图片的具体效果如图 7.38 所示。

7.3.6　使用后期工具制作珠宝店店招图片的文案

扫码看教程

【效果展示】使用 Midjourney 获得比较满意的图片效果之后，可以使用后期工具制作珠宝店店招图片的文案，效果如图 7.43 所示。

图 7.43　使用后期工具制作珠宝店店招图片文案的效果

下面就以 PS 为例，介绍使用后期工具制作珠宝店店招图片文案的具体操作方法。

AI

AI 绘画 + AI 电商广告制作从入门到精通

步骤 01 进入 PS 的默认界面，单击左侧的"打开"按钮，在弹出的"打开"对话框中选择要上传的图片素材（即 7.3.5 小节中的效果图），单击"打开"按钮，如图 7.44 所示。

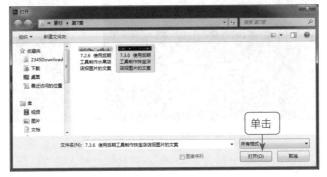

图 7.44　单击"打开"按钮

步骤 02 执行操作后，即可将图片素材上传至 PS 中，并进入 PS 的图片处理界面，如图 7.45 所示。

图 7.45　进入 PS 的图片处理界面

步骤 03 将鼠标光标放置在图片处理界面左侧的 **T** 按钮上并右击，在弹出的列表中选择对应的文字排列工具选项，如选择"横排文字工具"选项，如图 7.46 所示。

步骤 04 在图片上要输入文字的位置单击并输入文字，即可在图片中添加文字，效果如图 7.47 所示。

图 7.46　选择"横排文字工具"选项

图 7.47　在图片中添加文字

步骤 05 添加文字之后，还可以调整文字的颜色和大小。以调整文字的大小为例，单击工具栏中 **T** 右侧的 按钮，在弹出的列表中选择对应的文字大小选项，如图 7.48 所示。

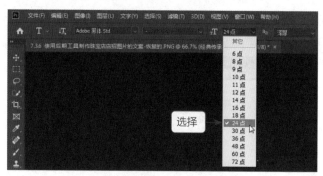

图 7.48　选择对应的文字大小选项

步骤 06 执行操作后，即可调整文字的大小，具体效果如图 7.43 所示。

促销方案：
促进网店的商品销售

第 **8** 章

◀ᴼ **本章要点**

在网店设计中，随处可见形式多样的促销方案，网店可以通过促销方案展示活动信息，吸引消费者的注意力，从而促进商品的销售。本章就来为大家介绍促销方案的制作技巧，帮助大家快速制作出有号召力和艺术感染力的促销方案。

8.1 促销方案的设计分析

设计促销方案是网店营销推广过程中非常重要的一项工作，它的作用是将一些促销信息或公告信息进行展示，从而带动店铺的商品销售。如果处理得当，促销方案可以最大限度地吸引消费者的目光，让消费者一目了然地知道你的店铺在做什么活动。那么，究竟要如何设计促销方案呢？本节将重点回答这个问题。

8.1.1 促销方案的设计方法

网店的商品促销区包括了店铺基本的公告栏功能，但其功能比公告栏更强大、更实用。商家可以通过促销区将促销商品进行装饰，吸引消费者的注意。目前，制作促销方案的方法主要有以下 3 种。

1. 寻找免费的促销模板

可以通过互联网下载免费的促销模板到本地并进行修改，或者直接在线修改，在模板上添加自己所属店铺的促销商品信息和公告信息，最后将修改后的模板代码应用到店铺的促销区即可。

这种方法的优点是方便、快捷，而且无须支付费用；缺点是在设计上有所限制，个性化不足。

2. 自行设计的促销方案

商家可以先使用图像制作软件（包括 AI 绘画软件）设计好促销版面，然后进行切片并将其保存为网页，接着通过网页制作软件（如 Dreamweaver、FrontPage）制作编排和添加网页特效，最后将网页的代码应用到店铺的商品促销区即可。

这种方法的优点是在设计上可以随心所欲，按照自己的意向设计出独一无二的促销效果；缺点是对商家的设计能力要求比较高，需要商家掌握一定的图像设计和网页制作技能。

3. 购买整店装修服务

这种方法是最省力的，商家直接从提供店铺装修的服务商处购买整店装修服务，或者只购买商品设计服务。目前，网上有很多专门提供店铺装修服务和出售店铺装修模板的店铺，商家可以从中进行选择并购买。

这种方法的优点是就促销方案而言，购买一个精美模板的价格通常在几十元左右。如果商家不想使用现成的模板，还可以让服务商为你设计一个专属的促销模板，不过价格比购买现成模板的价格稍贵。缺点就是需要支付一定的费用。

8.1.2 促销方案的设计技巧

电商的网店运营，其中有一项工作是必需的，即策划优惠促销方案。图 8.1 所示为天猫商城中某个商品的促销方案。

图 8.1　天猫商城中某个商品的促销方案

商家要养成日常定期收集同类优秀店铺的活动设计页面、促销文案的习惯，这样对自己网店的策划设计思路会起到一个很好的助推作用。

收集这些信息时可以按照折扣促销、顾客互动、二次营销等进行分类和归档。大概收集10个后，对于平时的策划活动就比较游刃有余了。

设计促销方案是搭建网店促销活动的基石，但这个基石不是随意堆砌就可以完成的，在策划网店的整体推广方案时，应该明确以下两个理念。

1. 促销活动的设计要有阶梯

通过广告引入到网店的人流，按照目的性来画图，一定是一个金字塔形。要达到良好的促销效果，商家在设计促销方案时就应该考虑到适合各种心理状态的消费者，并设计具有针对性的活动来满足他们的需求。

例如，针对有明确购买意图的消费者，可以设计打折促销的限时特惠，买后好评、晒图并分享的返现或者赠送一张店铺优惠券等活动。

总之，促销方案的设计都是从消费者的需求及心理分析的角度出发的，抓住消费者的需求就能设计出好的促销方案。

2. 促销商品的设计要有阶梯

通常来说，消费者可以分为 3 种类型，即消费能力强的高端消费者（约占 5%）、具有较强消费力的精英消费者（约占 15%）和追求性价比的普通消费者（约占 80%）。商家如果要提高商品的转化率，就不能只考虑 80% 的普通消费者，而应该针对每种消费者群体都设计适合的产品。

例如，一家高端品牌的化妆品网店的促销方案，针对高端消费者有一个 2000 元左右的礼盒套餐；针对精英消费者有一个限时 5 折的主打商品促销活动；针对普通消费者有一个 1元 1 包的试用装，一个 ID 限购 1 个的活动。这样的促销方案设计很全面，照顾到了各类消费者，能很好地提高商品的转化率。

8.1.3　促销方案的基本类型

在策划促销方案时，商家必须先确定促销的目标对象，再选择合适的传播方法。目标对象确定后，商家才能选择合适的促销方法并选择合适的促销方案类型。具体来说，促销方案的基本类型如下。

1. 会员、积分促销

会员、积分这种促销方式可以增加回头客的数量，并且可以让老客户得到更多的优惠，在巩固老客户的同时拓展新客户，增强客户对网店的忠诚度。图8.2所示为某店铺的会员促销方案。

图 8.2　某店铺的会员促销方案

2. 折扣促销

折扣是目前比较常用的一种阶段性促销方式，由于折扣促销是直接让利给消费者，能让消费者非常直接地感受到优惠，因此，这种促销的效果是比较显著的。折扣促销主要可以分为两种，具体如下。

（1）直接折扣。直接折扣就是找一个特殊的时间点进行打折销售。例如，服装网店的商家可以在重要的节日或者利用平台的各类大型活动进行打折促销。此时，人们往往会受到浓郁的购物氛围的影响而去观看，而且折扣又比较大，因此往往更容易让消费者下单购买。

这种折扣促销方案符合节日需求，会吸引更多人前来购买，虽然折扣后的单件利润下降了，但销量上去了，总的销售收入不会减少，同时还增加了店铺的人气，拥有了更多的消费者，对以后的销售也会起到带动作用。

采用这种促销方式的促销效果也要取决于商品的价格敏感度，对于价格敏感度不高的商品，往往徒劳无功。不过，由于网上营销的特殊性，直接折扣促销容易引成消费者的怀疑。

（2）变相折扣。常见的变相折扣方式是把几件商品进行组合，并以一定的折扣进行销售。这种折扣促销方案更加人性化，而且折扣比较隐蔽。商品的组合有很多学问，组合得好可以让消费者非常满意，组合得不好消费者可能就怨声载道了。

3. 赠送样品

这种促销方案比较适合保健食品和数码产品，由于物流成本原因，目前在网上的应用不算太多。在新品推出试用、商品更新、对抗竞争品牌、开辟新市场的情况下利用赠品进行促销可以达到比较好的促销效果。

4. 抽奖促销

抽奖促销是一种较为广泛的促销方式，由于一般抽奖的奖品都是比较有诱惑力的，因此可以吸引消费者来店，并促进商品的销售。卖家在设计抽奖促销活动时应注意以下三点。

（1）奖品要有诱惑力，可以考虑利用大额超值的商品吸引人们参加。

（2）活动参加方式要简单化，太过复杂或难度太大的活动可能很难吸引消费者的参与。

（3）要保证抽奖的真实性，并及时通过短信、E-mail 和公告等形式向参加者通告活动进度和结果。

5. 优惠券促销

优惠券是电商平台中的一种常见促销道具，商家可以根据各自店铺的不同情况灵活制定优惠券的赠送规则和使用规则。优惠券促销可提高店内的人气，由于优惠券有使用时限，因此可促进消费者在短期内再次购买，提升消费者的忠诚度。图 8.3 所示为某商品的销售页面，从中可以看到，该商品销售页面中便是采用了优惠券促销方案。

图 8.3　某商品的销售页面

6. 满减促销

满减促销和优惠券促销有一些相似，都是达到规定金额之后便可以享受一定的优惠。与优惠券促销不同的是，参与满减促销的往往是特定的某些商品（优惠券通常是整个店铺中的商品都可以使用的）。商家可以将需要促销的商品集合起来，设置一个满减专区，从而针对性地提高这些商品的销量。

7. 拍卖促销

拍卖是吸引人气的一种有效方法，有的电商平台中设有拍卖专区，进入该区的商品可获得更多被展示的机会，消费者也会因为拍卖的商品而进入商家店内浏览更多商品，这样一来，商品的成交机会便增加了。

当然，在设计促销方案时，商家也可以同时采用多种促销方案。图 8.4 所示为某商品的促销方案，从中可以看到，该促销方案中使用了优惠券促销和满减促销。

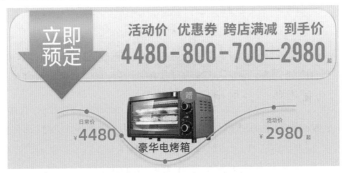

图 8.4　某商品的促销方案

8.2　家居用品促销方案的制作技巧

家居用品促销方案的制作可以分为 6 步，即获取家居用品的外观描述、得到家居用品的关键词、生成家居用品的图片、确定家居用品图片的环境、设置家居用品图片的参数和制作家居用品图片的文案，本节将讲解具体的制作技巧。

8.2.1　使用 ChatGPT 获取家居用品的外观描述

扫码看教程

【效果展示】可以直接使用 ChatGPT 输入关键词来获取家居用品的外观描述，效果如图 8.5 所示。

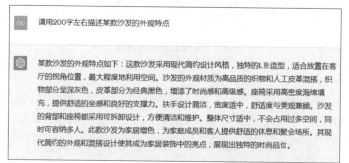

图 8.5　使用 ChatGPT 获取家居用品的外观描述的效果

下面介绍使用 ChatGPT 获取家居用品外观描述的具体操作方法。

步骤 01　在 ChatGPT 的输入框中输入家居用品的相关关键词，如"请用 200 字左右描述某款沙发的外观特点"，单击输入框右侧的"发送"按钮 ▶（或按 Enter 键），如图 8.6 所示。

图 8.6　输入关键词

步骤 02　执行操作后，ChatGPT 即可根据要求生成相应的内容，具体效果如图 8.5 所示。

8.2.2　使用百度翻译得到家居用品的关键词

【效果展示】通过 ChatGPT 获取家居用品的外观之后，可以从中提取关键词，并使用百度翻译将关键词翻译为英文，以便直接在 AI 绘画工具中输入。具体来说，使用百度翻译得到家居用品关键词的效果如图 8.7 所示。

扫码看教程　　下面介绍使用百度翻译得到家居用品关键词的具体操作方法。

步骤 01　从 8.2.1 小节 ChatGPT 的回答中总结出家居用品的关键词，如"这款沙发采用现代简约设计风格，独特的 L 形造型，沙发的外观材质为高品质的织物和人工皮革混搭，织物部分呈深灰色，皮革部分为经典黑色，扶手设计简洁，宽度适中，沙发的背部和座椅都采用可拆卸设计，整体尺寸适中"，并通过百度翻译转换为英文，如图 8.8 所示。

这款沙发采用现代简约设计风格，它呈现L形造型且整体尺寸适中，沙发的外观材质为高品质的织物和人工皮革混搭，扶手设计简洁且宽度适中，背部和座椅都采用可拆卸设计 77/1000 | This sofa adopts a modern minimalist design style, presenting an L-shaped shape and overall moderate size. The appearance material of the sofa is a mix of high-quality fabric and artificial leather, and the armrest design is simple and moderate in width. The back and seats are both detachable design

图 8.7　使用百度翻译得到家居用品关键词的效果

这款沙发采用现代简约设计风格，独特的L形造型，沙发的外观材质为高品质的织物和人工皮革混搭，织物部分呈深灰色，皮革部分为经典黑色，扶手设计简洁、宽度适中，沙发的背部和座椅都采用可拆卸设计，整体尺寸适中 99/1000 | This sofa adopts a modern minimalist design style with a unique L-shaped shape. The appearance material of the sofa is a mix of high-quality fabric and artificial leather, with the fabric part being dark gray and the leather part being classic black. The armrest design is simple and the width is moderate. The back and seats of the sofa are both detachable, and the overall size is moderate

图 8.8　通过百度翻译将家居用品关键词转换为英文

步骤 02　在百度翻译中，对家居用品的关键词进行适当调整，让关键词信息更容易被 Midjourney 识别出来，具体效果如图 8.7 所示。

8.2.3　使用 Midjourney 生成家居用品的图片

【效果展示】通过百度翻译获得家居用品的关键词之后，可以借助 Midjourney 中的 /imagine 指令生成家居用品的图片。具体来说，使用 Midjourney 生成家居用品图片的效果如图 8.9 所示。

扫码看教程

图 8.9　使用 Midjourney 生成家居用品图片的效果

下面介绍使用 Midjourney 生成家居用品图片的具体操作方法。

步骤 01　选中 8.2.2 小节用百度翻译生成的英文关键词并右击，在弹出的快捷菜单中选择"复制"选项，如图 8.10 所示。

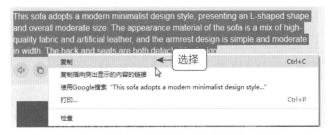

图 8.10　选择"复制"选项

步骤 **02**　在 Midjourney 主页下面的输入框内输入"/"，选择 /imagine 选项，在输入框中粘贴刚刚复制的英文关键词，如图 8.11 所示。

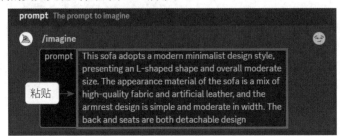

图 8.11　粘贴刚刚复制的英文关键词

步骤 **03**　按 Enter 键确认，即可使用 /imagine 指令生成 4 张沙发的图片，如图 8.12 所示。

图 8.12　生成 4 张沙发的图片

步骤 **04**　如果对某张图片比较满意，可以单击对应的 U 按钮，查看图片的效果。例如，单击 U2 按钮，图片的具体效果如图 8.9 所示。

8.2.4　使用 Midjourney 确定家居用品图片的环境

【效果展示】生成家居用品的图片后，可以继续使用 Midjourney 确定家居用品图片的环境。具体来说，使用 Midjourney 确定家居用品图片环境的效果如图 8.13 所示。

扫码看教程

图 8.13　使用 Midjourney 确定家居用品图片环境的效果

下面介绍使用 Midjourney 确定家居用品图片环境的具体操作方法。

步骤 **01**　把 8.2.3 小节中使用的关键词粘贴到 /imagine 指令的后面，添加环境的对应关键词，如 This sofa is placed in the living room（这个沙发被放置在客厅里），如图 8.14 所示。

图 8.14　添加环境的对应关键词

步骤 **02**　按 Enter 键确认，即可为家居用品添加所处环境，如图 8.15 所示。

图 8.15　为家居用品添加所处环境

步骤 **03**　如果对某张图片比较满意，可以单击对应的 U 按钮，查看图片的效果。例如，单击 U4 按钮，图片的具体效果如图 8.13 所示。

8.2.5　使用 Midjourney 设置家居用品图片的参数

扫码看教程

【效果展示】可以使用 Midjourney 将家居用品图片的参数设置为 4K 的高清画质和 3∶4 的比例，效果如图 8.16 所示。

图 8.16　使用 Midjourney 设置家居用品图片参数的效果

下面介绍使用 Midjourney 设置家居用品图片参数的具体操作方法。

步骤 01　在 8.2.4 小节中使用的关键词后面添加相关关键词，如 4K --ar 3:4，如图 8.17 所示。

图 8.17　添加相关关键词

步骤 02　执行操作后，按 Enter 键确认，即可设置家居用品图片的参数，效果如图 8.18 所示。

图 8.18　设置家居用品图片参数的效果

步骤 03 如果对某张图片比较满意，可以单击对应的 U 按钮，查看图片的效果。例如，单击 U3 按钮，图片的具体效果如图 8.16 所示。

8.2.6 使用后期工具制作家居用品图片的文案

与一般的图片不同，促销方案的图片中需要重点展示的是促销信息，而非商品信息，因此制作完对应品类的图片之后，还需要在图片上制作有吸引力的促销文案，让促销方案更能打动消费者。

具体来说，可以借助 PS 等后期工具在图片上添加促销信息，完成促销方案的制作。图 8.19 所示为使用后期工具制作家居用品图片文案的效果。

图 8.19 使用后期工具制作家居用品图片文案的效果

8.3 数码用品促销方案的制作技巧

各种促销方案的制作方法都大同小异，在制作数码用品的促销方案时，只需参照 8.2 小节中介绍的方法进行操作即可。本节将以手机为例，为大家讲解数码用品促销方案的具体制作技巧。

8.3.1 使用 ChatGPT 获取数码用品的外观描述

【效果展示】只需在 ChatGPT 中输入对应的关键词，即可获取数码用品的外观描述，效果如图 8.20 所示。

扫码看教程

下面介绍使用 ChatGPT 获取数码用品外观描述的具体操作方法。

步骤 01 在 ChatGPT 的输入框中输入数码用品的相关关键词，如"请用 200 字左右描述某款手机的外观特点"，单击输入框右侧的"发送"按钮▶（或按 Enter 键），如图 8.21 所示。

步骤 02 执行操作后，ChatGPT 即可根据要求生成相应的内容，具体效果如图 8.20 所示。

图 8.20 使用 ChatGPT 获取数码用品的外观描述

图 8.21 输入关键词

8.3.2 使用百度翻译得到数码用品的关键词

扫码看教程

【效果展示】通过 ChatGPT 获取数码用品的外观描述之后，可以从中提取关键词，并使用百度翻译将关键词翻译为英文。具体来说，使用百度翻译得到数码用品关键词的效果如图 8.22 所示。

图 8.22 使用百度翻译得到数码用品关键词的效果

下面介绍使用百度翻译得到数码用品关键词的具体操作方法。

步骤 01 从 8.3.1 小节 ChatGPT 的回答中总结出数码用品的关键词，如"这款手机采用全面屏设计，前置摄像头巧妙隐藏在屏幕上方，手机背面采用 3D 曲面玻璃，边框为金属材质，手机提供多种颜色选择，手机背部设有高品质的主摄像头和闪光灯，侧面配备了电源键和音量键，手机底部设计了 USB-C 接口和扬声器"，并通过百度翻译转换为英文，如图 8.23 所示。

图 8.23 通过百度翻译将数码用品关键词转换为英文

步骤 02 在百度翻译中，对数码用品的关键词进行适当调整，让关键词信息更容易被 Midjourney 识别出来，具体效果如图 8.22 所示。

8.3.3 使用 Midjourney 生成数码用品的图片

【效果展示】通过百度翻译得到数码用品的关键词之后，可以借助 Midjourney 中的 /imagine 指令来生成数码用品的图片。具体来说，使用 Midjourney 生成数码用品图片的效果如图 8.24 所示。

图 8.24　使用 Midjourney 生成数码用品图片的效果

下面介绍使用 Midjourney 生成数码用品图片的具体操作方法。

步骤 01　选中 8.3.2 小节用百度翻译生成的英文关键词并右击，在弹出的快捷菜单中选择"复制"选项，如图 8.25 所示。

图 8.25　选择"复制"选项

步骤 02　在 Midjourney 主页下面的输入框内输入"/"，选择 /imagine 选项，在输入框中粘贴刚刚复制的英文关键词，如图 8.26 所示。

图 8.26　粘贴刚刚复制的英文关键词

步骤 03　按 Enter 键确认，即可使用 /imagine 指令生成 4 张手机的图片，如图 8.27 所示。

图 8.27　生成 4 张手机的图片

扫码看教程

步骤 **04** 如果对某张图片比较满意，可以单击对应的 U 按钮，查看图片的效果。例如，单击 U1 按钮，图片的具体效果如图 8.24 所示。

8.3.4　使用 Midjourney 确定数码用品图片的环境

【效果展示】生成数码用品的图片后，可以继续使用 Midjourney 确定数码用品图片的环境。具体来说，使用 Midjourney 确定数码用品图片环境的效果如图 8.28 所示。

图 8.28　使用 Midjourney 确定数码用品图片环境的效果

下面介绍使用 Midjourney 确定数码用品图片环境的具体操作方法。

步骤 **01** 将 8.3.3 小节中使用的关键词粘贴到 /imagine 指令的后面，添加环境的对应关键词，如 This phone is placed on the table（这个手机被放置在桌子上），如图 8.29 所示。

图 8.29　添加环境的对应关键词

步骤 02　按 Enter 键确认，即可为数码用品添加所处环境，如图 8.30 所示。

图 8.30　为数码用品添加所处环境

步骤 03　如果对某张图片比较满意，可以单击对应的 U 按钮，查看图片的效果。例如，单击 U4 按钮，图片的具体效果如图 8.28 所示。

8.3.5　使用 Midjourney 设置数码用品图片的参数

扫码看教程

【效果展示】可以使用 Midjourney 设置数码用品图片的参数，效果如图 8.31 所示。

图 8.31　使用 Midjourney 设置数码用品图片参数的效果

下面介绍使用 Midjourney 设置数码用品图片参数的具体操作方法。

步骤 01　在 8.3.4 小节中使用的关键词后面添加相关关键词 8K --ar 16:9，如图 8.32 所示。

图 8.32　添加相关关键词

步骤 02 执行操作后，按 Enter 键确认，即可设置数码用品图片的参数，效果如图 8.33 所示。

图 8.33　设置数码用品图片参数的效果

步骤 03 如果对某张图片比较满意，可以单击对应的 U 按钮，查看图片的效果。例如，单击 U4 按钮，图片的具体效果如图 8.31 所示。

8.3.6　使用后期工具制作数码用品图片的文案

使用 Midjourney 生成满意的图片之后，可以使用后期工具在图片上添加促销信息，完成促销方案的制作。具体来说，使用后期工具制作数码用品图片文案的效果如图 8.34 所示。

图 8.34　使用后期工具制作数码用品图片文案的效果

商品包装：
抓住潜在消费者的目光

第 9 章

◀️ **本章要点**

　　商品包装的设计是促进销售和塑造店铺形象的关键因素，那些亮眼的包装可以快速抓住潜在消费者的目光，让更多消费者愿意购买商品。本章就来为大家讲解商品包装的设计与制作技巧，帮助大家更好地完成商品包装的设计与制作。

9.1　商品包装的设计分析

在设计商品包装时，不仅要了解商品包装的常见类别并从中进行选择，还要明白商品包装的设计要求。本节将讲解商品包装的常见类别和设计要求。

9.1.1　商品包装的常见类别

商品包装的常见类别有4种，即瓶型、罐型、袋型和盒型。在设计商品包装时，需要根据商品的种类来选择合适的包装类别。

例如，零食这类固体型商品，通常会选择袋型包装，如图9.1所示；而饮料这类液体型商品，则通常会选择罐型或瓶型包装，如图9.2所示。

图 9.1　零食的袋型包装

图 9.2　饮料的罐型包装

9.1.2　商品包装的设计要求

除了选择合适的类别外，设计的商品包装通常还需要满足以下要求。

1. 对消费者有吸引力

商品的包装设计要能够吸引目标消费者的目光，这样可以让更多人关注并购买你的商品，让商品获得更高的销量。如果消费者看到商品包装之后，提不起任何购买的兴趣，那么商品包装的设计就是非常失败的。

2. 清楚传递相关信息

商品包装的主要功能之一，就是向消费者展示商品的相关信息。因此，很多商品包装都会清楚地传递相关信息，让消费者更好地了解商品。例如，图 9.3 所示的包装就做得不够好，因为从这两个包装上根本看不出里面的商品是什么。

图 9.3　信息传递做得不够好的包装

3. 突出商品的特色

对于那些比较有特色的商品，需要在商品包装上突出它的独特卖点。这样相当于给了消费者一个购买的理由，让消费者在看到商品的包装后，觉得这件商品比一般的同类商品更值得购买。

4. 具有一定的独特性

市面上的商品有很多，与之对应的，商品的包装也难以计量。因此，在设计商品包装时，不能过多地参考同行的设计，而应该让商品包装具有一定的独特性，这样的商品包装才会被更多消费者注意到。

9.2　饮料罐的制作技巧

饮料通常会使用罐型或瓶型包装，本节就以饮料的罐型包装（即饮料罐）制作为例，为大家讲解具体的操作技巧。

9.2.1　使用 ChatGPT 获取饮料罐的外观描述

【效果展示】可以对 ChatGPT 进行提问，让它帮我们设计一个饮料罐，并 **扫码看教程**

从 ChatGPT 的回答中获取饮料罐的外观描述。具体来说，使用 ChatGPT 获取饮料罐的外观描述的效果如图 9.4 所示。

> OU 请用200字左右描述某个饮料罐的外观
>
> 这款饮料罐的外观设计充满创意与现代感。罐身采用了磨砂金属材质，赋予其高贵与时尚的氛围。整体背景色为深蓝色，象征着优雅与品质。罐身上采用了独特的几何图案，勾勒出时尚的线条，增加了视觉的吸引力。饮料品牌的标志以简洁大方的字母标识和抽象化的水滴图案相结合，突显品牌的专业与清新。罐身四周点缀着小小的星星和波纹图案，如同点点星光和波澜起伏，赋予整个包装一份浪漫的氛围。包装上清晰标注了产品名称、容量和营养成分，方便消费者了解产品信息。优雅的产品口号"品尝轻盈，享受清新"传递出产品的独特卖点。整体设计高贵、时尚，给人一种高品质与美好体验的感觉，让人愿意品尝这款别致的饮料。

图 9.4　使用 ChatGPT 获取饮料罐的外观描述的效果

下面介绍使用 ChatGPT 获取饮料罐外观描述的具体操作方法。

步骤 01　在 ChatGPT 的输入框中输入饮料罐的相关关键词，如"请用 200 字左右描述某个饮料罐的外观"，单击输入框右侧的"发送"按钮 ▶（或按 Enter 键），如图 9.5 所示。

请用200字左右描述某个饮料罐的外观　　　　　　　单击 ⟶ ▶

Free Research Preview. ChatGPT may produce inaccurate information about people, places, or facts. ChatGPT July 20 Version

图 9.5　输入关键词

步骤 02　执行操作后，ChatGPT 即可根据要求生成相应的内容，具体效果如图 9.4 所示。

9.2.2　使用百度翻译得到饮料罐的关键词

扫码看教程

【效果展示】通过 ChatGPT 获取饮料罐的外观描述之后，可以从中提取关键词，并使用百度翻译将关键词翻译为英文，以便直接在 AI 绘画工具中输入。具体来说，使用百度翻译得到饮料罐关键词的效果如图 9.6 所示。

> 饮料罐的外观设计，蓝色的罐身采用磨砂金属材质，罐身上采用了独特的几何图案，点缀了小小的星星和波纹图案，标注了饮料品牌的标志、商品的相关信息和口号，整体设计高贵、时尚
>
> The exterior design of the beverage can features a blue body made of frosted metal material and a unique geometric pattern adorned with small stars and ripples, marking the logo of the beverage brand, relevant information and slogan of the product. The overall design is noble and fashionable.

图 9.6　使用百度翻译得到饮料罐关键词的效果

下面介绍使用百度翻译得到饮料罐关键词的具体操作方法。

步骤 01　从 9.2.1 小节 ChatGPT 的回答中总结出饮料罐外观的关键词，如"这款饮料罐的外观设计充满创意与现代感，罐身采用了磨砂金属材质，整体背景色为深蓝色，罐身上采用了独特的几何图案，饮料品牌的标志以简洁大方的字母标识和抽象化的水滴图案相结合，罐身四周点缀了小小的星星和波纹图案，包装上清晰标注了产品名称、容量和营养成分，优雅的口号传递出商品的独特卖点，整体设计高贵、时尚"，并通过百度翻译转换为英文，如图 9.7 所示。

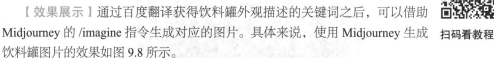

这款饮料罐的外观设计充满创意与现代感，罐身采用了磨砂金属材质，整体背景色为深蓝色，罐身上采用了独特的几何图案，饮料品牌的标志以简洁大方的字母标识和抽象化的水滴图案相结合，罐身四周点缀了小小的星星和波纹图案，包装上清晰标注了产品名称、容量和营养成分，优雅的口号传递出商品的独特卖点，整体设计高贵、时尚

The exterior design of this drink can is full of creativity and modernity. The body of the can is made of frosted metal, the overall background color is dark blue, and the can body is made of unique geometric patterns. The logo of the drink brand is a combination of simple and generous letter logo and Abstraction water drop pattern. Small stars and ripple patterns are dotted around the can body, and the product name, capacity and nutrition are clearly marked on the package, The elegant slogan conveys the unique selling points of the product, and the overall design is noble and fashionable

图 9.7 通过百度翻译将饮料罐外观关键词转换为英文

步骤 02 在百度翻译中，对饮料罐外观的关键词进行适当调整，让关键词信息更容易被 Midjourney 识别出来，具体效果如图 9.6 所示。

9.2.3 使用 Midjourney 生成饮料罐的图片

【效果展示】通过百度翻译获得饮料罐外观描述的关键词之后，可以借助 Midjourney 的 /imagine 指令生成对应的图片。具体来说，使用 Midjourney 生成饮料罐图片的效果如图 9.8 所示。

扫码看教程

图 9.8 使用 Midjourney 生成饮料罐图片的效果

下面介绍使用 Midjourney 生成饮料罐图片的具体操作方法。

步骤 01 选中 9.2.2 小节用百度翻译生成的英文关键词并右击，在弹出的快捷菜单中选择"复制"选项，如图 9.9 所示。

图 9.9 选择"复制"选项

步骤 02 在 Midjourney 主页下面的输入框内输入"/"，选择 /imagine 选项，在输入框中粘贴刚刚复制的英文关键词，如图 9.10 所示。

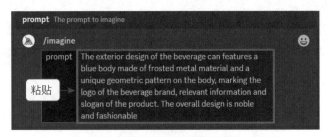

图 9.10　粘贴刚刚复制的英文关键词

步骤 **03** 按 Enter 键确认，即可使用 /imagine 指令生成 4 张饮料罐的图片，如图 9.11 所示。

图 9.11　生成 4 张饮料罐的图片

步骤 **04** 如果对某张图片比较满意，可以单击对应的 U 按钮，查看图片的效果。例如，单击 U1 按钮，图片的具体效果如图 9.8 所示。

🔔 **温馨提示**

使用 Midjourney 生成的商品包装，展示的是立体效果，因此我们输入的关键词信息可能不会全部呈现在图片上。对于这种情况，可以使用关键词多次生成图片，选取其中比较满意的图片，将其作为商品包装的展示图。

9.2.4　使用 Midjourney 设置饮料罐图片的参数

扫码看教程

【效果展示】在 Midjourney 中直接输入对应的关键词，即可完成饮料罐图片参数的设置。具体来说，使用 Midjourney 设置饮料罐图片参数的效果如图 9.12 所示。

下面介绍使用 Midjourney 设置饮料罐图片参数的具体操作方法。

步骤 **01** 在 /imagine 指令的后面粘贴 9.2.3 小节中的关键词，并添加参数的对应关键词，如 4K --ar 3:4，如图 9.13 所示。

图 9.12　使用 Midjourney 设置饮料罐图片参数的效果

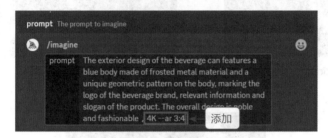

图 9.13　添加参数的对应关键词

步骤 02 执行操作后，按 Enter 键确认，即可设置饮料罐图片的参数，效果如图 9.14 所示。

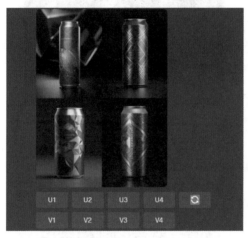

图 9.14　设置饮料罐图片参数的效果

步骤 03 如果对某张图片比较满意，可以单击对应的 U 按钮，查看图片的效果。例如，单击 U4 按钮，图片的具体效果如图 9.12 所示。

9.2.5　使用 Midjourney 调整饮料罐的效果

【效果展示】当对生成的饮料罐不太满意时，还可以使用 Midjourney 调整效果。具体来说，使用 Midjourney 调整饮料罐的效果如图 9.15 所示。

扫码看教程

下面介绍使用 Midjourney 调整饮料罐效果的具体操作方法。

步骤 01 单击 9.2.4 小节生成的 4 张图片（图 9.14）中某张图片对应的 V 按钮，如单击 V4 按钮，如图 9.16 所示。

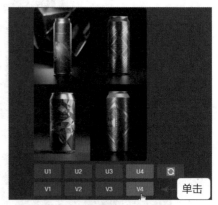

图 9.15 使用 Midjourney 调整饮料罐的效果   图 9.16 单击 V4 按钮

步骤 02 执行操作后，会根据第 4 张图片重新生成 4 张图片，如图 9.17 所示。

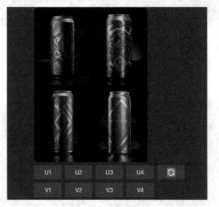

图 9.17 根据第 4 张图片重新生成 4 张图片

步骤 03 如果对某张图片比较满意，可以单击对应的 U 按钮，查看图片的效果。例如，单击 U4 按钮，图片的具体效果如图 9.15 所示。

9.3 鞋盒的制作技巧

鞋盒的制作可以分成 5 步，即获取鞋盒的外观描述、得到鞋盒的关键词、生成鞋盒的图片、设置鞋盒图片的参数和调整鞋盒的效果，本节将具体讲解相关的操作技巧。

9.3.1 使用 ChatGPT 获取鞋盒的外观描述

扫码看教程

【效果展示】只需对 ChatGPT 进行提问，即可从其回答中获得鞋盒的外观描述。具体来说，使用 ChatGPT 获取鞋盒的外观描述的效果如图 9.18 所示。

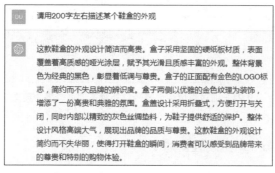

图 9.18　使用 ChatGPT 获取鞋盒的外观描述的效果

下面介绍使用 ChatGPT 获取鞋盒外观描述的具体操作方法。

步骤 01　在 ChatGPT 的输入框中输入鞋盒的相关关键词，如"请用 200 字左右描述某个鞋盒的外观"，单击输入框右侧的"发送"按钮 ▶（或按 Enter 键），如图 9.19 所示。

图 9.19　输入关键词

步骤 02　执行操作后，ChatGPT 即可根据要求生成相应的内容，具体效果如图 9.18 所示。

9.3.2　使用百度翻译得到鞋盒的关键词

【效果展示】通过 ChatGPT 获取鞋盒的外观描述之后，可以从中提取关键词，并使用百度翻译将关键词翻译为英文，以便直接在 AI 绘画工具中输入。具体来说，使用百度翻译得到鞋盒关键词的效果如图 9.20 所示。　**扫码看教程**

图 9.20　使用百度翻译得到鞋盒关键词的效果

下面介绍使用百度翻译得到鞋盒关键词的具体操作方法。

步骤 01　从 9.3.1 小节 ChatGPT 的回答中总结出鞋盒外观的关键词，如"这款鞋盒的外观设计简洁而高贵，盒子采用的是坚固的硬纸板材质，表面覆盖着高质感的哑光涂层，整体背景色为经典的黑色，盒子的正面配有金色的 LOGO 标志，盒子两侧以优雅的金色纹理为装饰，盒盖设计采用折叠式，同时内部以精致的灰色丝绸垫料，整体设计风格高端大气"，并通过百度翻译转换为英文，如图 9.21 所示。

步骤 02　在百度翻译中，对鞋盒外观的关键词进行适当调整，让关键词信息更容易被 Midjourney 识别出来，具体效果如图 9.20 所示。

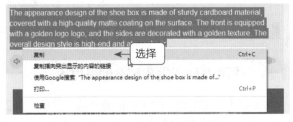

图 9.21　通过百度翻译将鞋盒外观关键词转换为英文

9.3.3　使用 Midjourney 生成鞋盒的图片

扫码看教程

【效果展示】通过百度翻译得到鞋盒外观的关键词之后，可以借助 Midjourney 的 /imagine 指令来生成对应的图片。具体来说，使用 Midjourney 生成鞋盒图片的效果如图 9.22 所示。

下面介绍使用 Midjourney 生成鞋盒图片的具体操作方法。

步骤 01　选中 9.3.2 小节用百度翻译生成的英文关键词并右击，在弹出的快捷菜单中选择"复制"选项，如图 9.23 所示。

图 9.22　使用 Midjourney 生成鞋盒

图片的效果

图 9.23　选择"复制"选项

步骤 02　在 Midjourney 主页下面的输入框内输入"/"，选择 /imagine 选项，在输入框中粘贴刚刚复制的英文关键词，如图 9.24 所示。

图 9.24　粘贴刚刚复制的英文关键词

步骤 03　按 Enter 键确认，即可使用 /imagine 指令生成 4 张鞋盒的图片，如图 9.25 所示。

步骤 04　如果对某张图片比较满意，可以单击对应的 U 按钮，查看图片的效果。例如，单击 U4 按钮，图片的具体效果如图 9.22 所示。

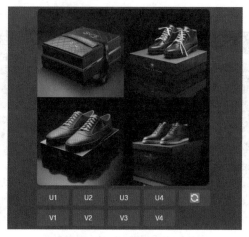

图 9.25　生成 4 张鞋盒的图片

9.3.4　使用 Midjourney 设置鞋盒图片的参数

扫码看教程

【效果展示】在 Midjourney 中直接输入对应的关键词，即可完成鞋盒图片参数的设置。具体来说，使用 Midjourney 设置鞋盒图片参数的效果如图 9.26 所示。

图 9.26　使用 Midjourney 设置鞋盒图片参数的效果

下面介绍使用 Midjourney 设置鞋盒图片参数的具体操作方法。

步骤 01　在 /imagine 指令的后面粘贴 9.3.3 小节中的关键词，并添加参数的对应关键词，如 8K --ar 16:9，如图 9.27 所示。

图 9.27　添加参数的对应关键词

119

步骤 02 执行操作后，按 Enter 键确认，即可设置鞋盒图片的参数，效果如图 9.28 所示。

图 9.28　设置鞋盒图片参数的效果

步骤 03 如果对某张图片比较满意，可以单击对应的 U 按钮，查看图片的效果。例如，单击 U4 按钮，图片的具体效果如图 9.26 所示。

扫码看教程

9.3.5　使用 Midjourney 调整鞋盒的效果

【效果展示】如果对生成的鞋盒不太满意，还可以使用 Midjourney 进行调整。具体来说，使用 Midjourney 调整鞋盒的效果如图 9.29 所示。

图 9.29　使用 Midjourney 调整鞋盒的效果

下面介绍使用 Midjourney 调整鞋盒效果的具体操作方法。

步骤 01 单击 9.3.4 小节生成的 4 张图片（图 9.28）中某张图片对应的 V 按钮，如单击 V4 按钮，如图 9.30 所示。

步骤 02 执行操作后，会根据第 4 张图片重新生成 4 张图片，如图 9.31 所示。

步骤 03 如果对某张图片比较满意，可以单击对应的 U 按钮，查看图片的效果。例如，单击 U3 按钮，图片的具体效果如图 9.29 所示。

图 9.30　单击 V4 按钮

图 9.31　根据第 4 张图片重新生成 4 张图片

电商海报:
传达网店的营销信息

第**10**章

◀》 **本章要点**

电商海报可以传达出网店的营销信息,引导消费者进行购物。好的电商海报设计可以提升网店在消费者心目中的形象,提高商品的点击率,也在一定程度上决定了网店的销售量。因此,网店的海报设计是店铺营销过程中非常重要的一环。本章就来介绍电商海报的设计和制作技巧,帮助大家快速制作出满意的电商海报。

10.1 电商海报的设计分析

在电商平台中,常见的海报主要有3类,即平台活动海报、店铺促销海报和商品推广海报,本节将分析这3类海报的设计。

10.1.1 平台活动海报设计分析

平台活动海报通常是平台举办某个活动时发布的海报,这类海报不仅要展示活动的主题和相关的商品,还要展示具有吸引力的优惠信息。这类海报通常会展示在平台的首页或相关的活动板块中,用以带动平台中某类商品的销售。

图 10.1 所示为某平台的活动海报,看到该海报之后,很多消费者可能会为了获取大额补贴去增加采购量,这样便带动了相关商品的销售。

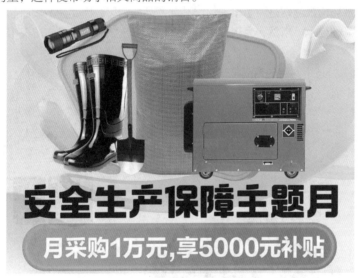

图 10.1 某个平台的活动海报

10.1.2 店铺促销海报设计分析

店铺促销海报通常会展示在店铺的首页中,目的是让消费者进入店铺之后,立马就能看到相关的促销信息。通常来说,店铺促销海报中要重点展示吸睛的促销信息和参与促销的商品。

图 10.2 所示为某个网店的促销海报,可以看到该海报中便展示了"爆款低至第 2 件 0 元"这个促销信息和店铺中参与促销的多种洗护用品。

图 10.2　某个网店的促销海报

10.1.3　商品推广海报设计分析

　　和店铺促销海报一样，商品推广海报通常也会展示在店铺的首页中。与店铺促销海报不同的是，商品推广海报通常是为了单独促进某款商品的销售，因此大多数商品推广海报中都只展示某款商品的信息。当然，为了提高消费者的购买欲望，商品推广海报中还要添加相关的文案内容。

　　图 10.3 所示为某个网店的商品推广海报，可以看到，为了增加某款炒黑豆的销量，该网店不但在海报中展示了炒黑豆的外观，还为其配上了极具吸引力的文案。

图 10.3　某个网店的商品推广海报

10.2　店铺促销海报制作技巧

　　借助 Midjourney 和后期软件制作店铺促销海报大致可以分为 6 步，即绘制海报的主体、添加海报的背景、选择海报的构图方式、确定海报的风格、设置海报的参数和制作海报的文案，本节将分别进行讲解。

10.2.1 使用 Midjourney 绘制店铺促销海报的主体

【效果展示】在 Midjourney 中，可以直接输入相关的关键词，快速绘制店铺促销海报的主体。具体来说，使用 Midjourney 绘制店铺促销海报主体的效果如图 10.4 所示。

扫码看教程

图 10.4　使用 Midjourney 绘制店铺促销海报主体的效果

下面介绍使用 Midjourney 绘制店铺促销海报主体的具体操作方法。

步骤 01　在 Midjourney 中通过 /imagine 指令输入关键词 Several household appliances placed together（放置在一起的几种家用电器），按 Enter 键确认，随后 Midjourney 将生成 4 张对应的店铺促销海报主体图片，如图 10.5 所示。

图 10.5　生成的店铺促销海报主体图片

步骤 02　如果对某张图片比较满意，可以单击对应的 U 按钮，查看图片的效果。例如，单击 U4 按钮，图片的具体效果如图 10.4 所示。

扫码看教程

10.2.2 使用 Midjourney 添加店铺促销海报的背景

【效果展示】绘制完店铺促销海报主体的图片后，可以继续使用 Midjourney 添加店铺促销海报的背景。具体来说，使用 Midjourney 添加店铺促销海报背景的效果如图 10.6 所示。

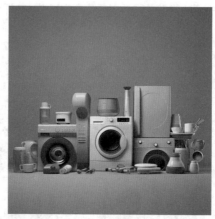

图 10.6 使用 Midjourney 添加店铺促销海报背景的效果

下面介绍使用 Midjourney 添加店铺促销海报背景的具体操作方法。

步骤 01 将 10.2.1 小节中使用的关键词粘贴到 /imagine 指令的后面，添加背景的对应关键词，如 Blue background（蓝色的背景），如图 10.7 所示。

图 10.7 添加背景的对应关键词

步骤 02 按 Enter 键确认，即可为店铺促销海报主体添加对应的背景，如图 10.8 所示。

图 10.8 为店铺促销海报主体添加对应的背景

步骤 03 如果对某张图片比较满意，可以单击对应的 U 按钮，查看图片的效果。例如，单击 U1 按钮，图片的具体效果如图 10.6 所示。

10.2.3 使用 Midjourney 选择店铺促销海报的构图方式

【效果展示】和主图广告一样，海报的设计也要选择合适的构图方式。具体来说，使用 Midjourney 选择店铺促销海报构图方式的效果如图 10.9 所示。

扫码看教程

图 10.9 使用 Midjourney 选择店铺促销海报构图方式的效果

下面介绍使用 Midjourney 选择店铺促销海报构图方式的具体操作方法。

步骤 01 使用与 10.2.2 小节相同的方法将关键词粘贴到 /imagine 指令的后面，并在其后添加构图的对应关键词，如 central composition（中心构图），如图 10.10 所示。

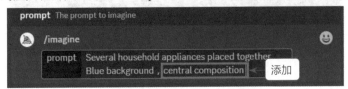

图 10.10 添加构图的对应关键词

步骤 02 按 Enter 键确认，即可根据选择的构图方式生成 4 张图片，如图 10.11 所示。

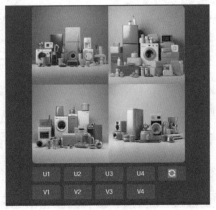

图 10.11 根据选择的构图方式生成 4 张图片

扫码看教程

步骤 03 如果对某张图片比较满意，可以单击对应的 U 按钮，查看图片的效果。例如，单击 U4 按钮，图片的具体效果如图 10.9 所示。

10.2.4 使用 Midjourney 确定店铺促销海报的风格

【效果展示】添加特定的画面风格之后，生成的店铺促销海报通常会更加符合要求。具体来说，使用 Midjourney 确定店铺促销海报风格的效果如图 10.12 所示。

图 10.12 使用 Midjourney 确定店铺促销海报风格的效果

下面介绍使用 Midjourney 确定店铺促销海报风格的具体操作方法。

步骤 01 在 10.2.3 小节使用的关键词的后面添加风格的对应关键词，如 Elegant style（清新自然风格），如图 10.13 所示。

图 10.13 添加风格的对应关键词

步骤 02 执行操作后，按 Enter 键确认，即可为图片添加画面风格，使画面的视觉效果更加突出，如图 10.14 所示。

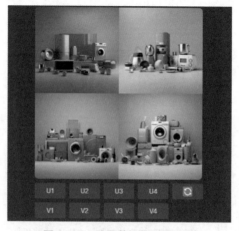

图 10.14 为图片添加画面风格

步骤 03 如果对某张图片比较满意，可以单击对应的 U 按钮，查看图片的效果。例如，单击 U3 按钮，图片的具体效果如图 10.12 所示。

10.2.5 使用 Midjourney 设置店铺促销海报的参数

【效果展示】给图像设置参数可以改变图片的画质和比例等。例如，可以使用 Midjourney 将图片的参数设置为 8K 的高清画质和 16∶9 的比例，效果如图 10.15 所示。

扫码看教程

图 10.15　使用 Midjourney 设置店铺促销海报参数的效果

下面介绍使用 Midjourney 设置店铺促销海报参数的具体操作方法。

步骤 01 在 10.2.4 小节添加的关键词的后面添加关键词 8K --ar 16:9，如图 10.16 所示。

图 10.16　添加对应的关键词

步骤 02 执行操作后，按 Enter 键确认，即可设置店铺促销海报的参数，效果如图 10.17 所示。

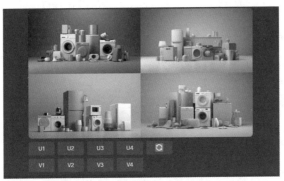

图 10.17　设置店铺促销海报参数的效果

步骤 03 如果对某张图片比较满意，可以单击对应的 U 按钮，查看图片的效果。例如，单击 U3 按钮，图片的具体效果如图 10.15 所示。

129

10.2.6 使用后期工具制作店铺促销海报的文案

生成店铺促销海报的图片后，可以使用 PS 等后期工具来制作文案内容，让店铺促销海报更加吸睛。具体来说，使用后期工具制作店铺促销海报文案的效果如图 10.18 所示。

图 10.18　使用后期工具制作店铺促销海报文案的效果

10.3　商品推广海报制作技巧

商品推广海报的制作步骤和店铺促销海报相同，只是输入的关键词有所差异。本节将为大家介绍商品推广海报的制作技巧。

10.3.1 使用 Midjourney 绘制商品推广海报的主体

扫码看教程

【效果展示】在绘制商品推广海报的主体时，可以在 Midjourney 中使用"以图生图"功能快速生成商品推广海报主体的图片，具体效果如图 10.19 所示。

图 10.19　使用 Midjourney 生成商品推广海报主体图片的效果

下面介绍使用 Midjourney 生成商品推广海报主体图片的具体操作方法。

步骤 01　单击 Midjourney 输入栏左侧的加号按钮 ➕，在弹出的列表中选择"上传文件"

选项。在弹出的"打开"对话框中选择要上传的商品推广海报主体文件，单击"打开"按钮，如图 10.20 所示。

步骤 02 执行操作后，文件传输区中将出现对应的图片，如图 10.21 所示。

图 10.20 单击"打开"按钮 　　图 10.21 文件传输区中出现对应的图片

步骤 03 按 Enter 键确认，即可将图片发送到 Midjourney 中，如图 10.22 所示。

步骤 04 单击发送成功的图片，会出现该图片的放大图，在放大图中右击，在弹出的快捷菜单中选择"复制图片地址"选项，如图 10.23 所示。

图 10.22 将图片发送到 Midjourney 中 　　图 10.23 选择"复制图片地址"选项

步骤 05 在 /imagine 指令的后面粘贴刚才复制的图片地址链接，如图 10.24 所示。

图 10.24 粘贴图片地址链接

步骤 06 在地址链接的后面添加关键词 A pair of white sneakers（一双白色运动鞋），按 Enter 键确认，随后 Midjourney 将生成 4 张商品推广海报主体的图片，如图 10.25 所示。

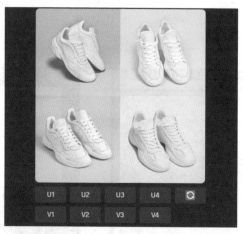

图 10.25　生成 4 张商品推广海报的主体图片

步骤 **07**　如果对某张图片比较满意，可以单击对应的 U 按钮，查看图片的效果。例如，单击 U4 按钮，图片的具体效果如图 10.19 所示。

10.3.2　使用 Midjourney 添加商品推广海报的背景

【效果展示】 绘制好商品推广海报主体的图片后，可以继续使用 Midjourney 添加其背景，具体效果如图 10.26 所示。

扫码看教程

图 10.26　使用 Midjourney 添加商品推广海报背景的效果

下面介绍使用 Midjourney 添加商品推广海报背景的具体操作方法。

步骤 **01**　复制刚才生成的主体图片的地址链接和关键词，将其粘贴到 /imagine 指令的后面，并添加背景的对应关键词，如 A white background（白色的背景），如图 10.27 所示。

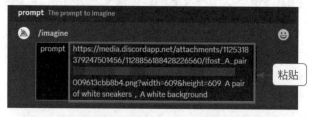

图 10.27　粘贴地址链接和关键词并添加背景关键词

步骤 02 按 Enter 键确认，即可为商品推广海报主体添加对应的背景，如图 10.28 所示。

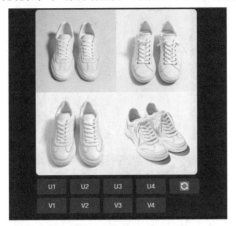

图 10.28 为商品推广海报主体添加对应的背景

步骤 03 如果对某张图片比较满意，可以单击对应的 U 按钮，查看图片的效果。例如，单击 U1 按钮，图片的具体效果如图 10.26 所示。

10.3.3 使用 Midjourney 选择商品推广海报的构图方式

【效果展示】对称式构图具有平衡、稳定的特点，可以让人产生心理上的舒 扫码看教程 适感，因此这种构图方式也受到了部分海报设计师的青睐。具体来说，使用 Midjourney 将商品推广海报的构图方式选择为对称式构图的效果如图 10.29 所示。

图 10.29 使用 Midjourney 选择商品推广海报构图方式的效果

下面介绍使用 Midjourney 选择商品推广海报构图方式的具体操作方法。

步骤 01 复制刚才生成的商品推广海报图片的地址链接和关键词，将其粘贴到 /imagine 指令的后面，并添加构图的对应关键词，如 Symmetrical composition（对称式构图），如图 10.30 所示。

图 10.30 粘贴地址链接和关键词并添加构图关键词

步骤 02 按 Enter 键确认，即可根据选择的构图方式生成 4 张图片，如图 10.31 所示。

图 10.31　根据选择的构图方式生成 4 张图片

步骤 03 如果对某张图片比较满意，可以单击对应的 U 按钮，查看图片的效果。例如，单击 U4 按钮，图片的具体效果如图 10.29 所示。

扫码看教程

10.3.4　使用 Midjourney 确定商品推广海报的风格

【效果展示】可以通过在 Midjourney 中输入相应的关键词确定商品推广海报的风格，效果如图 10.32 所示。

图 10.32　使用 Midjourney 确定商品推广海报风格的效果

下面介绍使用 Midjourney 确定商品推广海报风格的具体操作方法。

步骤 01 复制 10.3.3 小节中生成的商品推广海报图片的地址链接和关键词，将其粘贴到 /imagine 指令的后面，并添加图片风格的对应关键词，如 E-commerce poster style（电商海报风格），如图 10.33 所示。

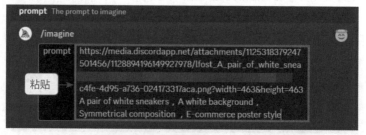

图 10.33　粘贴地址链接和关键词并添加风格关键词

步骤 02 按 Enter 键确认，即可将图片生成为电商海报风格，使画面的视觉效果更加突出，效果如图 10.34 所示。

图 10.34 将图片生成为电商海报风格

步骤 03 如果对某张图片比较满意，可以单击对应的 U 按钮，查看图片的效果。例如，单击 U4 按钮，图片的具体效果如图 10.32 所示。

10.3.5 使用 Midjourney 设置商品推广海报的参数

【效果展示】通过在 Midjourney 中输入关键词，可以设置商品推广海报的出图参数。例如，可以使用 Midjourney 将图片的参数设置为 4K 的高清画质和 16:9 的比例，效果如图 10.35 所示。

扫码看教程

图 10.35 使用 Midjourney 设置商品推广海报参数的效果

下面介绍使用 Midjourney 设置商品推广海报参数的具体操作方法。

步骤 01 复制 10.3.4 小节中生成的图片的地址链接和关键词，将其粘贴到 /imagine 指令的后面，并添加图片参数的对应关键词，即 4K --ar 3:4，如图 10.36 所示。

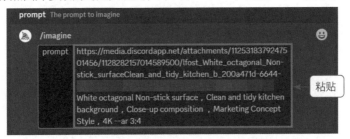

图 10.36 粘贴地址链接和关键词并添加关键词

步骤 02 执行操作后，按 Enter 键确认，即可设置商品推广海报图片的参数，效果如图 10.37 所示。

图 10.37 设置商品推广海报图片参数的效果

步骤 03 如果对某张图片比较满意，可以单击对应的 U 按钮，查看图片的效果。例如，单击 U2 按钮，图片的具体效果如图 10.35 所示。

10.3.6 使用后期工具制作商品推广海报的文案

使用 Midjourney 生成海报的图片之后，可以使用 PS 等后期工具制作文案，补充推广商品的相关信息。具体来说，使用后期工具制作商品推广海报文案的效果如图 10.38 所示。

图 10.38 使用后期工具制作商品推广海报文案的效果

主图广告：
提升消费者的购买意愿

第 11 章

◀》 本章要点

对于网店来说，主图广告的制作非常关键，有吸引力的主图广告可以极大地提升消费者的购买意愿，从而增加对应商品的销量。本章将重点为大家讲解主图广告的设计和制作方法，帮助大家借助 AI 快速制作出满意的主图广告。

11.1　主图广告的设计分析

通常来说，在设计商品主图广告时，需要把握 3 个关键点，即主题鲜明、画面美观和文案有吸引力，本节将分别进行讲解。

11.1.1　主题鲜明

主题鲜明是指从商品主图广告中一眼就能看出要销售的是哪种商品，并且能够大致了解该商品的整体外观。这就要求在设计商品主图广告时做好两点，一是将商品作为画面的主体进行展示；二是展现商品的整体外观。

将商品作为画面的主体进行展示，就是说商品应该是主图中的主角，不能被其他人或物抢了风头。图 11.1 和图 11.2 所示的商品都是运动鞋，但是在图 11.2 中，模特（小男孩）成了画面的主体，会让人忽视作为商品的运动鞋。因此，相比之下，图 11.1 更适合作为商品主图。

图 11.1　运动鞋图片（1）

图 11.2　运动鞋图片（2）

而展现商品的整体外观，则是为了让消费者看到图片之后便能快速了解商品的外观信息。因为很多消费者在挑选商品时都是比较注重外观的，如果不能通过商品主图快速把握商品的整体外观，那么消费者可能就不会放心地下单购买了。

图 11.3 和图 11.4 展示的是同一款皮鞋，只是图 11.3 展示的是这款皮鞋的整体外观，而图 11.4 展示的则是这款皮鞋的局部外观。因此，从展现商品整体外观的角度来说，图 11.3 更适合作为商品主图。

图 11.3　皮鞋图片（1）

图 11.4　皮鞋图片（2）

11.1.2　画面美观

　　画面美观并不是说一定要让商品主图广告看上去非常高级，但是至少要让整个画面看起来整洁、干净。图 11.5 所示为两张衣服的图片，从中不难看出，右侧这张图片的画面更加美观，也更适合用作商品主图。

图 11.5　两张衣服的图片

11.1.3　文案有吸引力

　　通常来说，添加文案之后，商品主图广告对消费者的吸引力会更强。图 11.6 所示为两张热水壶的图片，很显然右侧的图片对消费者来说会更有吸引力。

图 11.6　两张热水壶的图片

当然，文案内容本身也应该具有一定的吸引力，否则即便添加了文案，也没太大的作用。图 11.7 所示为两张饮水机的图片，虽然这两张图片都添加了文案，但是左侧图片的文案过于简单，没有太大的吸引力；而右侧的文案则比较详细，对消费者也更具有吸引力。

图 11.7　两张饮水机的图片

11.2　玩具主图广告的制作技巧

我们可以借助 Midjourney 和其他后期工具快速完成商品主图广告的制作，具体来说，制作商品主图广告可以分 6 步进行，即绘制主图主体、添加主图背景、选择主图构图方式、确定主图风格、设置主图参数以及制作主图文案。本节将以玩具主图广告的制作为例，来介绍具体的操作技巧。

11.2.1　使用 Midjourney 绘制玩具主图的主体

【效果展示】在绘制玩具的主图前，首先可以在 Midjourney 中使用关键词直接生成一张玩具主体的图片作为底图使用。具体来说，使用 Midjourney 绘制玩具主图主体的效果如图 11.8 所示。

扫码看教程

图 11.8　使用 Midjourney 绘制玩具主图主体的效果

下面介绍使用 Midjourney 绘制玩具主图主体的具体操作方法。

步骤 01　在 Midjourney 中通过 /imagine 指令输入关键词 A blue convertible car toy with cartoon patterns on the body, with doors that can be opened on both sides of the car（车身上有卡通图案的蓝色敞篷汽车玩具，汽车两侧各有可以打开的车门）。

步骤 02　按 Enter 键确认，随后 Midjourney 将生成 4 张对应的玩具主体图片，如图 11.9 所示。

图 11.9　生成的玩具主体图片

步骤 03　如果对某张图片比较满意，可以单击对应的 U 按钮，查看图片的效果。例如，单击 U4 按钮，图片的具体效果如图 11.8 所示。

11.2.2 使用 Midjourney 添加玩具主图的背景

扫码看教程

【效果展示】绘制完成玩具主体的图片后，继续使用 Midjourney 绘制玩具主图的背景，这里只需根据自身需求添加背景信息即可。具体来说，使用 Midjourney 添加玩具主图背景的效果如图 11.10 所示。

图 11.10　使用 Midjourney 添加玩具主图背景的效果

下面介绍使用 Midjourney 添加玩具主图背景的具体操作方法。

步骤 01　将 11.2.1 小节中使用的关键词粘贴到 /imagine 指令的后面，并添加背景关键词，如 Wood flooring background（木质地板背景），如图 11.11 所示。

图 11.11　添加背景关键词

步骤 02　按 Enter 键确认，即可为玩具主体添加对应的背景，如图 11.12 所示。

图 11.12　为玩具主体添加对应的背景

步骤 03　如果对某张图片比较满意，可以单击对应的 U 按钮，查看图片的效果。例如，单击 U3 按钮，图片的具体效果如图 11.10 所示。

11.2.3 使用 Midjourney 选择玩具主图的构图方式

【效果展示】不同的构图方式获得的画面效果也不同。具体来说，使用 Midjourney 选择玩具主图构图方式的效果如图 11.13 所示。

图 11.13　使用 Midjourney 选择玩具主图构图方式的效果

下面介绍使用 Midjourney 选择玩具主图构图方式的具体操作方法。

步骤 01　使用与 11.2.2 小节中相同的方法，将关键词粘贴到 /imagine 指令的后面，并在其后添加构图的对应关键词，如 central composition（中心构图），如图 11.14 所示。

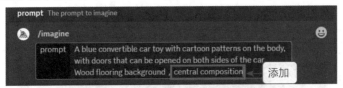

图 11.14　添加构图的对应关键词

步骤 02　按 Enter 键确认，即可根据选择的构图方式生成 4 张图片，如图 11.15 所示。

图 11.15　根据选择的构图方式生成 4 张图片

步骤 03　如果对某张图片比较满意，可以单击对应的 U 按钮，查看图片的效果。例如，单击 U3 按钮，图片的具体效果如图 11.13 所示。

🔔 温馨提示

从图 11.15 中可以看出，重新生成的图片变化很小，这是因为原图默认使用了中心构图的方式，所以差异并不是很大。添加该关键词的目的是确定画面风格，确保后续调整图片后构图方式不会发生改变。

11.2.4 使用 Midjourney 确定玩具主图的风格

扫码看教程

【效果展示】通过为图片添加特定的画面风格，可以使图片更具视觉吸引力和独特性。具体来说，使用 Midjourney 确定玩具主图风格的效果如图 11.16 所示。

图 11.16　使用 Midjourney 确定玩具主图风格的效果

下面介绍使用 Midjourney 确定玩具主图风格的具体操作方法。

步骤 01　在 11.2.3 小节中使用的关键词的后面添加主图风格的对应关键词，如 Fresh and natural style（清新自然的风格），如图 11.17 所示。

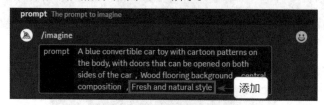

图 11.17　添加主图风格的对应关键词

步骤 02　执行操作后，按 Enter 键确认，即可为图片添加画面风格，使画面的视觉效果更加突出，如图 11.18 所示。

图 11.18　为图片添加画面风格

步骤 03 如果对某张图片比较满意，可以单击对应的 U 按钮，查看图片的效果。例如，单击 U4 按钮，图片的具体效果如图 11.16 所示。

11.2.5 使用 Midjourney 设置玩具主图的参数

扫码看教程

【效果展示】给图片设置参数可以改变图片的画质和比例等信息。例如，可以使用 Midjourney 将图片的参数设置为 8K 的高清画质和 3∶4 的比例，效果如图 11.19 所示。

图 11.19　使用 Midjourney 设置玩具主图参数的效果

下面介绍使用 Midjourney 设置玩具主图参数的具体操作方法。

步骤 01 在 11.2.4 小节中使用的关键词后面添加关键词 8K --ar 3∶4，如图 11.20 所示。

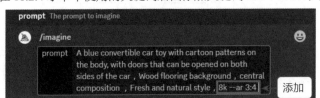

图 11.20　添加对应的关键词

步骤 02 执行操作后，按 Enter 键确认，即可设置玩具主图的参数，效果如图 11.21 所示。

图 11.21　设置玩具主图参数的效果

步骤 03 如果对某张图片比较满意，可以单击对应的 U 按钮，查看图片的效果。例如，单击 U1 按钮，图片的具体效果如图 11.19 所示。

11.2.6 使用后期工具制作玩具主图的文案

生成主图后就可以使用 PS 等后期工具添加文案了。文案可以在主图中提供额外的信息和说明，帮助消费者更好地理解商品主图广告的内容，使消费者对商品有更清晰的认识。通过添加文案，可以将重要的信息或关键词突出显示，从而引起消费者的注意和兴趣。具体来说，使用后期工具制作玩具主图文案的效果如图 11.22 所示。

图 11.22　使用后期工具制作玩具主图文案的效果

11.3　炊具主图广告的制作技巧

除了玩具商品外，还可以根据自身需求来制作其他商品的主图广告。本节将以炊具主图广告的制作为例，来介绍具体的操作技巧。

11.3.1 使用 Midjourney 绘制炊具主图的主体

扫码看教程

【效果展示】在绘制炊具主图的主体时，可以在 Midjourney 中使用"垫图"技巧，也就是"以图生图"功能，生成相关的炊具主体图片，具体效果如图 11.23 所示。

图 11.23　使用 Midjourney 绘制炊具主图主体的效果

下面介绍使用 Midjourney 绘制炊具主图主体的具体操作方法。

步骤 01 单击 Midjourney 输入栏左侧的加号按钮，在弹出的列表中选择"上传文件"选项，如图 11.24 所示。

图 11.24 选择"上传文件"选项

步骤 02 在弹出的"打开"对话框中选择要上传的炊具主体文件，单击"打开"按钮，如图 11.25 所示。

步骤 03 执行操作后，文件传输区中将出现对应的图片，如图 11.26 所示。

图 11.25 单击"打开"按钮　　图 11.26 文件传输区中出现对应的图片

步骤 04 按 Enter 键确认，即可将图片发送到 Midjourney 中，如图 11.27 所示。

步骤 05 单击发送成功的图片，会出现该图片的放大图，在放大图中右击，在弹出的快捷菜单中选择"复制图片地址"选项，如图 11.28 所示。

图 11.27 将图片发送到 Midjourney 中　图 11.28 选择"复制图片地址"选项

步骤 06 在 /imagine 指令的后面粘贴刚才复制的图片地址链接，如图 11.29 所示。

图 11.29 粘贴图片地址链接

步骤 07 在地址链接的后面添加关键词 White octagonal Non-stick surface（白色的八角不粘锅），按 Enter 键确认，随后 Midjourney 将生成 4 张对应的炊具主体图片，如图 11.30 所示。

图 11.30 生成 4 张炊具主体图片

步骤 08 如果对某张图片比较满意，可以单击对应的 U 按钮，查看图片的效果。例如，单击 U4 按钮，图片的具体效果如图 11.23 所示。

11.3.2 使用 Midjourney 添加炊具主图的背景

扫码看教程

【效果展示】绘制好炊具主体的图片后，可以继续使用 Midjourney 添加炊具主图的背景，具体效果如图 11.31 所示。

图 11.31 使用 Midjourney 添加炊具主图背景的效果

下面介绍使用 Midjourney 添加炊具主图背景的具体操作方法。

步骤 01 复制 11.3.1 小节中生成的炊具主体图片的地址链接和关键词，将其粘贴到 /imagine 指令的后面，并添加背景的对应关键词，如 Clean and tidy kitchen background（干净整洁的厨房背景），如图 11.32 所示。

图 11.32 粘贴地址链接和关键词并添加背景关键词

步骤 02 按 Enter 键确认，即可为炊具主体添加对应的背景，如图 11.33 所示。

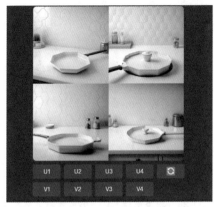

图 11.33　为炊具主体添加对应的背景

步骤 03 如果对某张图片比较满意，可以单击对应的 U 按钮，查看图片的效果。例如，单击 U2 按钮，图片的炊具效果如图 11.31 所示。

11.3.3　使用 Midjourney 选择炊具主图的构图方式

【效果展示】 特写构图可以突出主体的细节，使消费者能够更清楚地看到物体的细微之处，这对于展示细节非常有用。具体来说，使用 Midjourney 将炊具主图的构图方式选择为特写构图，效果如图 11.34 所示。

扫码看教程

图 11.34　使用 Midjourney 选择炊具主图构图方式的效果

下面介绍使用 Midjourney 选择炊具主图构图方式的具体操作方法。

步骤 01 复制 11.3.2 小节中生成的炊具主体图片的地址链接和关键词，将其粘贴到 /imagine 指令的后面，并添加构图的对应关键词，即 Close-up composition（特写构图），如图 11.35 所示。

图 11.35　粘贴地址链接和关键词并添加构图关键词

149

扫码看教程

步骤 02 按 Enter 键确认，即可根据选择的构图方式生成 4 张图片，如图 11.36 所示。

图 11.36　根据选择的构图方式生成 4 张图片

步骤 03 如果对某张图片比较满意，可以单击对应的 U 按钮，查看图片的效果。例如，单击 U1 按钮，图片的具体效果如图 11.34 所示。

11.3.4　使用 Midjourney 确定炊具主图的风格

【效果展示】使用商品导向的营销概念风格，可以突出商品的特点、功能和创新之处，这有助于吸引消费者的注意力并增加商品的吸引力。具体来说，使用 Midjourney 将炊具主图的风格确定为营销概念风格，效果如图 11.37 所示。

图 11.37　使用 Midjourney 确定炊具主图风格的效果

下面介绍使用 Midjourney 确定炊具主图风格的具体操作方法。

步骤 01 复制刚才生成的炊具主体图片的地址链接和关键词，将其粘贴到 /imagine 指令的后面，并添加图片风格的对应关键词，如 Marketing Concept Style（营销概念风格），如图 11.38 所示。

图 11.38　粘贴地址链接和关键词并添加风格关键词

步骤 02 按 Enter 键确认，即可将炊具主体图片的风格确定为营销概念风格，使画面的视觉效果更加突出，效果如图 11.39 所示。

图 11.39 为炊具主体图片使用营销概念风格

步骤 03 如果对某张图片比较满意，可以单击对应的 U 按钮，查看图片的效果。例如，单击 U2 按钮，图片的具体效果如图 11.37 所示。

11.3.5 使用 Midjourney 设置炊具主图的参数

扫码看教程

【效果展示】通过在 Midjourney 中输入关键词，可以设置炊具主图的参数。例如，可以使用 Midjourney 将图片的参数设置为 4K 的高清画质和 3∶4 的比例，效果如图 11.40 所示。

图 11.40 使用 Midjourney 设置炊具主图参数的效果

下面介绍使用 Midjourney 设置炊具主图参数的具体操作方法。

步骤 01 复制 11.3.4 小节中生成的炊具主体图片的地址链接和关键词，将其粘贴到 /imagine 指令的后面，并添加图片参数的对应关键词，即 4K --ar 3:4，如图 11.41 所示。

图 11.41 粘贴地址链接和关键词并添加图片参数的对应关键词

151

步骤 02 执行操作后,按 Enter 键确认,即可设置炊具图片的参数,效果如图 11.42 所示。

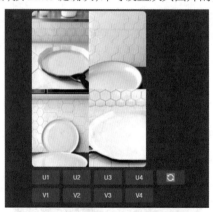

图 11.42 设置炊具图片参数的效果

步骤 03 如果对某张图片比较满意,可以单击对应的 U 按钮,查看图片的效果。例如,单击 U1 按钮,图片的具体效果如图 11.40 所示。

11.3.6 使用后期工具制作炊具主图的文案

借助 Midjourney 生成主图后,可以使用 PS 等后期工具在主图上制作文案,让炊具主图广告对消费者来说更有吸引力。具体来说,使用后期工具制作炊具主图文案的效果如图 11.43 所示。

图 11.43 使用后期工具制作炊具主图文案的效果

详页说明:
展示在售商品的卖点

第 12 章

🔊 本章要点

　　电商平台中的商品详情页说明(以下简称"详页说明")用于对网店中在售的单个商品进行介绍,展示出在售商品的卖点,从而吸引更多消费者下单进行购买。本章主要介绍详页说明的设计和制作技巧,帮助大家快速制作出详页说明。

12.1 详页说明的设计分析

详页说明是指对在售的某个商品的使用方法、材质、尺寸、细节等进行介绍，更好地展示该商品的卖点。同时，有的网店为了提高店铺内其他商品的销量，或者提升店铺的品牌形象，还会在详页说明中添加搭配套餐、公司简介等信息，以此来树立和创建商品的形象，提升消费者的购买欲望。

通常来说，设计详页说明时需要把握好 3 点，即设计思路、展示方式和展示内容，本节将具体进行介绍。

12.1.1 详页说明的设计思路

在网店交易的整个过程中，没有实物、营业员，也不能口述、触摸，因此详页说明就承担起了推销商品的主要工作。整个推销过程都是非常静态的，没有交流、没有互动，消费者在浏览商品时也没有现场氛围来烘托购物气氛，因此消费者会变得相对理性。

详页说明中只能通过文字、图片和视频等内容来介绍商品，这就要求把握好基本的营销思路。通常来说，详页说明的基本营销思路为：通过描述和展示商品来说服消费者，从而让消费者产生购买行为。因此，在设计详页说明时，要重点做好商品的描述和展示工作，让看到详页说明的消费者更有购买的欲望。

12.1.2 详页说明的展示方式

消费者购买商品时主要看的就是商品展示的部分，因此详页说明需要让消费者对商品有一个直观的认识。通常来说，详页说明是以图片的形式展现商品的，其展示方式分为摆拍展示和场景展示，具体如图 12.1 所示。

图 12.1　摆拍展示和场景展示

摆拍展示能够直观地表现商品，这种展示方式的基本要求是把商品如实地展现出来。它倾向于朴实无华路线，用真诚的态度来打动消费者。在以摆拍展示的方式设计详页说明时，要突出主体，整个画面看上去要干净、简洁、清晰。

场景展示能够在展示商品的同时，展示出商品的实用场景，从而让消费者更有购买的欲望。当然，在以场景展示的方式设计详页说明时也需要把握好场景的引入，因为场景的引入如果运用得不好，反而会增加图片的无效信息，分散消费者的注意力。

总之，不管是通过摆拍，还是通过场景来展示商品，最终的目的都是想让消费者掌握更多的商品信息。因此，在设计详页说明的图片时，要保持图片的清晰度和真实性，力求逼真而完美地展现出商品的卖点。

12.1.3 详页说明的展示内容

在详页说明中，需要对商品的整体外观和细节设计进行展示，让商品在消费者的脑海中形成大致的形象。当消费者有购买商品的意愿时，商品细节区域的恰当表现就开始起作用了。细节是让消费者更加了解这个商品的主要手段，对此可以通过多个细节来展示商品，如图 12.2 所示。

图 12.2　细节展示图

需要注意的是，细节图只要抓住最需要展示的设计即可，其他能去掉的内容就去掉。此外，过多的细节图展示会让网页中图片显示的内容过多而产生较长的缓冲时间，从而造成消费者的流失。

12.2　详页说明的整体图制作技巧

通常来说，详页说明整体图的制作可以分为 5 步，即生成主体图、添加图片背景、选择构图方式、设置图片参数和制作文案内容，本节将具体讲解相关的操作技巧。

12.2.1 使用 Midjourney 生成整体图的主体

扫码看教程

【效果展示】可以直接在 Midjourney 中上传参考图，运用 /describe 指令获取关键词，并借助该关键词生成详页说明整体图的主体，效果如图 12.3 所示。

图 12.3　使用 Midjourney 生成整体图主体的效果

下面介绍使用 Midjourney 的 /describe 指令生成详页说明整体图主体的具体操作方法。

步骤 01　在 Midjourney 主页下面的输入框内输入"/"，在弹出的列表中选择 /describe 指令，单击"上传"按钮。在弹出的"打开"对话框中选择相应的图片，并单击"打开"按钮，如图 12.4 所示。

步骤 02　将参考图添加到 Midjourney 的输入框中，如图 12.5 所示，按 Enter 键确认。

图 12.4　单击"打开"按钮

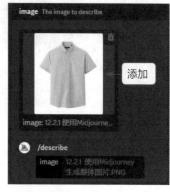

图 12.5　将参考图添加到 Midjourney 的输入框中

步骤 03　执行操作后，Midjourney 会根据用户上传的参考图生成 4 段关键词，如图 12.6 所示。

步骤 04　单击某段关键词的对应按钮，如图 12.7 所示。

步骤 05　执行操作后，即可通过对应的关键词生成 4 张详页说明的整体图主体，如图 12.8 所示。

步骤 06　如果对某张图片比较满意，可以单击对应的 U 按钮，查看图片的效果。例如，单击 U3 按钮，图片的具体效果如图 12.3 所示。

图 12.6　根据上传的参考图生成 4 段关键词　　图 12.7　单击某段关键词的对应按钮

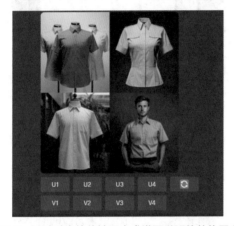

图 12.8　通过对应的关键词生成详页说明的整体图主体

12.2.2　使用 Midjourney 添加整体图的背景

【效果展示】生成详页说明整体图的主体后，可以使用 Midjourney 添加图片的背景。具体来说，使用 Midjourney 添加整体图背景的效果如图 12.9 所示。

扫码看教程

图 12.9　使用 Midjourney 添加整体图背景的效果

下面介绍使用 Midjourney 添加详页说明整体图背景的具体操作方法。

步骤 01 将 12.2.1 小节中使用的关键词（画面比例关键词除外）粘贴到 /imagine 指令的后面，添加背景的对应关键词，如 A white background（白色的背景），如图 12.10 所示。

图 12.10 添加背景的对应关键词

步骤 02 按 Enter 键确认，即可为详页说明整体图添加对应的背景，如图 12.11 所示。

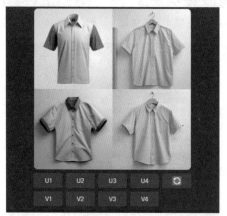

图 12.11 为详页说明整体图添加对应的背景

步骤 03 如果对某张图片比较满意，可以单击对应的 U 按钮，查看图片的效果。例如，单击 U4 按钮，图片的具体效果如图 12.9 所示。

12.2.3 使用 Midjourney 选择整体图的构图方式

扫码看教程

【效果展示】选择的构图方式不同，生成的整体图也会有所不同。具体来说，使用 Midjourney 选择详页说明整体图构图方式的效果如图 12.12 所示。

图 12.12 使用 Midjourney 选择详页说明整体图构图方式的效果

下面介绍使用 Midjourney 选择详页说明整体图构图方式的具体操作方法。

步骤 01 使用与 12.2.2 小节中相同的方法将关键词粘贴到 /imagine 指令的后面，并在其后添加构图的对应关键词，如 central composition（中心构图），如图 12.13 所示。

图 12.13 添加构图的对应关键词

步骤 02 按 Enter 键确认，即可根据选择的构图方式生成 4 张图片，如图 12.14 所示。

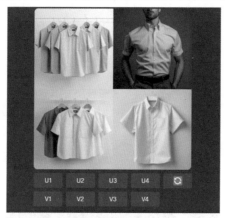

图 12.14 根据选择的构图方式生成 4 张图片

步骤 03 如果对某张图片比较满意，可以单击对应的 U 按钮，查看图片的效果。例如，单击 U4 按钮，图片的具体效果如图 12.12 所示。

12.2.4 使用 Midjourney 设置整体图的参数

扫码看教程

【效果展示】在 Midjourney 中设置参数可以改变详页说明整体图的画质和比例等信息。例如，可以使用 Midjourney 将图片的参数设置为 4K 的高清画质和 3 : 4 的比例，效果如图 12.15 所示。

图 12.15 使用 Midjourney 设置详页说明整体图参数的效果

下面介绍使用 Midjourney 设置详页说明整体图参数的具体操作方法。

步骤 01 在 12.2.3 小节中使用的关键词的后面添加关键词 4K --ar 3:4，如图 12.16 所示。

图 12.16 添加对应的关键词

步骤 02 执行操作后，按 Enter 键确认，即可设置详页说明整体图的参数，效果如图 12.17 所示。

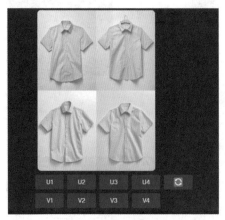

图 12.17 设置详页说明整体图参数的效果

步骤 03 如果对某张图片比较满意，可以单击对应的 U 按钮，查看图片的效果。例如，单击 U4 按钮，图片的具体效果如图 12.15 所示。

12.2.5 使用后期工具制作整体图的文案

生成主图后，可以使用 PS 等后期工具在主图上制作文案，对商品的信息进行补充。具体来说，使用后期工具制作详页说明整体图文案的效果如图 12.18 所示。

图 12.18 使用后期工具制作详页说明整体图文案的效果

12.3　详页说明的细节图制作技巧

详页说明的细节图制作同样可以分为 5 步，不过它重点展示的是商品的细节设计，本节将具体讲解详页说明的细节图制作技巧。

12.3.1　使用 Midjourney 生成细节图的主体

【效果展示】生成细节图的主体时，同样可以运用 Midjourney 的 /describe 指令来获取关键词，并借助该关键词获取相关的图片，效果如图 12.19 所示。

扫码看教程

图 12.19　使用 Midjourney 生成细节图主体的效果

下面介绍使用 Midjourney 的 /describe 指令生成详页说明细节图主体的具体操作方法。

步骤 01　使用 /describe 指令上传参考图，获得相关的关键词，如图 12.20 所示。

步骤 02　单击某段关键词的对应按钮，如图 12.21 所示。

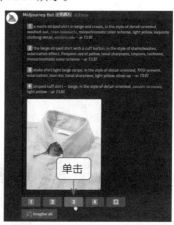

图 12.20　根据上传的参考图生成 4 段关键词　　图 12.21　单击某段关键词的对应按钮

步骤 03　执行操作后，即可通过对应的关键词生成 4 张详页说明的细节图主体，如图 12.22 所示。

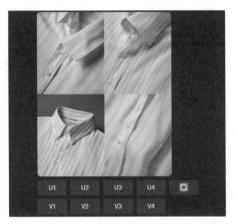

图 12.22　通过对应的关键词生成详页说明的细节图主体

步骤 04　如果对某张图片比较满意，可以单击对应的 U 按钮，查看图片的效果。例如，单击 U3 按钮，图片的具体效果如图 12.19 所示。

12.3.2　使用 Midjourney 添加细节图的背景

扫码看教程

【效果展示】生成详页说明的细节图后，可以使用 Midjourney 添加图片的背景。具体来说，使用 Midjourney 添加细节图背景的效果如图 12.23 所示。

图 12.23　使用 Midjourney 添加细节图背景的效果

下面介绍使用 Midjourney 添加详页说明细节图背景的具体操作方法。

步骤 01　将 12.3.1 小节使用的关键词（画面比例关键词除外）粘贴到 /imagine 指令的后面，添加背景的对应关键词，如 A light gray background（灰色的背景），如图 12.24 所示。

图 12.24　添加背景的对应关键词

步骤 02　按 Enter 键确认，即可为详页说明的细节图添加对应的背景，如图 12.25 所示。

步骤 03　如果对某张图片比较满意，可以单击对应的 U 按钮，查看图片的效果。例如，单击 U3 按钮，图片的具体效果如图 12.23 所示。

图 12.25　为详页说明的细节图添加对应的背景

12.3.3　使用 Midjourney 选择细节图的构图方式

【效果展示】详页说明细节图的常见构图方式为特写构图，这种构图方式可以更好地展示细节设计。具体来说，使用 Midjourney 选择详页说明细节图构图方式的效果如图 12.26 所示。

扫码看教程

图 12.26　使用 Midjourney 选择详页说明细节图构图方式的效果

下面介绍使用 Midjourney 选择详页说明细节图构图方式的具体操作方法。

步骤 01　使用与 12.3.2 小节中相同的方法将关键词粘贴到 /imagine 指令的后面，并添加构图的对应关键词，如 Close-up composition（特写构图），如图 12.27 所示。

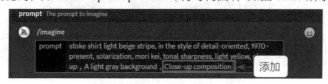

图 12.27　添加构图的对应关键词

步骤 02　按 Enter 键确认，即可根据选择的构图方式生成 4 张图片，如图 12.28 所示。

步骤 03　如果对某张图片比较满意，可以单击对应的 U 按钮，查看图片的效果。例如，单击 U2 按钮，图片的具体效果如图 12.26 所示。

图 12.28　根据选择的构图方式生成 4 张图片

12.3.4　使用 Midjourney 设置细节图的参数

扫码看教程

【效果展示】在 Midjourney 中设置参数可以改变详页说明细节图的画质和比例等信息。例如，可以使用 Midjourney 将图片的参数设置为 4K 的高清画质和 16∶9 的比例，效果如图 12.29 所示。

图 12.29　使用 Midjourney 设置详页说明细节图参数的效果

下面介绍使用 Midjourney 设置详页说明细节图参数的具体操作方法。

步骤 01　在 12.3.3 小节中使用的关键词的后面添加关键词 4K --ar 16:9，如图 12.30 所示。

图 12.30　添加对应的关键词

步骤 02　执行操作后，按 Enter 键确认，即可设置详页说明细节图的参数，效果如图 12.31 所示。

步骤 03　如果对某张图片比较满意，可以单击对应的 U 按钮，查看图片的效果。例如，单击 U2 按钮，图片的具体效果如图 12.29 所示。

图 12.31　设置详页说明细节图参数的效果

12.3.5　使用后期工具制作细节图的文案

　　详页说明的细节图文案只需简单对细节设计进行介绍即可。具体来说，使用后期工具制作细节图文案的效果如图 12.32 所示。

图 12.32　使用后期工具制作详页说明细节图文案的效果

模特展示：
为你的商品增光添色

第 **13** 章

◀)) 本章要点

　　模特是商品的使用者和展示者，通过模特展示，可以为你的商品增光添色，让商品更加吸睛。本章将为大家介绍模特展示图（包括文案）的设计和制作技巧，帮助大家快速完成模特展示图的制作。

13.1　模特展示图的设计分析

在设计模特展示图时，要把握好 3 点，即做好模特信息的收集、生成的模特要有真实感、模特与商品之间要相互关联，本节将分别分析这 3 点。

13.1.1　做好模特信息的收集

在借助 AI 绘画工具生成模特展示图时，通常需要输入模特的信息，而且输入的信息越准确，生成的模特展示图效果可能就会越好。因此，在设计模特展示图时需要先做好模特信息的收集，确定模特的具体形象。

通常来说，可以通过 3 种方法收集模特信息：第 1 种方法是输入关键词，让 AI 自动生成模特的形象；第 2 种方法是查找同类商品的模特，并总结出模特的特点；第 3 种方法是在脑海中构建一个模特的形象，并将该模特的形象特点记录下来。

这 3 种收集模特信息的方法各有优劣之处，大家只需从中选择适合自己的方式即可。本章案例中将以第 1 种收集模特信息的方法为例，为大家进行讲解。

13.1.2　生成的模特要有真实感

通常来说，电商平台中的模特都是真人，这是因为消费者看到真人模特时会更有代入感。图 13.1 所示为使用 Midjourney 生成的两张少女图片，哪张图片更适合作为模特的参考图呢？很显然是第 2 张，这主要就是因为第 2 张图片更具真实感，更容易让消费者代入。

图 13.1　使用 Midjourney 生成的两张少女图片

13.1.3　模特与商品之间要相互关联

很多商品都有特定的使用人群，所以需要在使用人群中选择模特，也就是说模特与商品之间要相互关联，否则选择的模特可能很难打动消费者。图 13.2 所示为使用 Midjourney 生成的两张图片，这两张图片中的人物哪个更适合当眉笔的模特呢？很显然是左侧图片中的少女，这是因为眉笔的主要使用人群多为女性，如果将右侧的老爷爷作为模特，会让人觉得商品和模特之间有隔离感。

图 13.2　使用 Midjourney 生成的两张图片

13.2　单肩包模特展示图的制作技巧

单肩包模特展示图的制作技巧大致可以分为 6 步，即获取单肩包模特的形象、得到模特形象的关键词、生成单肩包的模特展示图、合成模特背包的图片、调整模特背包的图片和制作模特背包图的文案。本节将具体讲解相关的操作技巧。

扫码看教程

13.2.1　使用 ChatGPT 获取单肩包模特的形象

【效果展示】可以直接使用 ChatGPT 输入关键词获取单肩包模特的形象，效果如图 13.3 所示。下面介绍使用 ChatGPT 获取单肩包模特形象的具体操作方法。

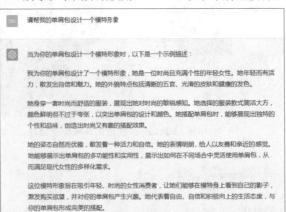

图 13.3　使用 ChatGPT 获取单肩包模特形象的效果

步骤 01 在 ChatGPT 的输入框中输入单肩包模特形式的相关关键词，如"请帮我的单肩包设计一个模特形象"，单击输入框右侧的"发送"按钮▶（或按 Enter 键），如图 13.4 所示。

图 13.4 输入关键词

步骤 02 执行操作后，ChatGPT 即可根据要求生成相应的内容，具体效果如图 13.3 所示。

13.2.2 使用百度翻译得到模特形象的关键词

【效果展示】通过 ChatGPT 获取单肩包模特的形象之后，可以从中提取关键词，并使用百度翻译将关键词翻译为英文，以便直接在 AI 绘画工具中输入。 扫码看教程
具体来说，使用百度翻译得到模特形象关键词的效果如图 13.5 所示。下面介绍使用百度翻译得到模特形象关键词的具体操作方法。

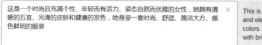

图 13.5 使用百度翻译得到模特形象关键词的效果

步骤 01 从 13.2.1 小节 ChatGPT 的回答中总结出相应的模特形象关键词，如"时尚且充满个性的女性，年轻而有活力，清晰的五官、光滑的皮肤和健康的发色，身穿一套时尚和舒适的服装，服装款式简洁大方，颜色鲜明但不过于夸张，姿态自然而优雅"，并通过百度翻译转换为英文，如图 13.6 所示。

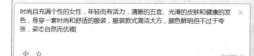

图 13.6 通过百度翻译将模特形象关键词转换为英文

步骤 02 在百度翻译中，对模特形象的关键词进行适当调整，让关键词信息更容易被 Midjourney 识别出来，具体效果如图 13.5 所示。

13.2.3 使用 Midjourney 生成单肩包的模特图

【效果展示】通过百度翻译获得模特形象的关键词之后，可以借助 Midjourney 的 /imagine 指令生成单肩包的模特图。具体来说，使用 Midjourney 扫码看教程
生成单肩包模特图的效果如图 13.7 所示。

图 13.7 使用 Midjourney 生成单肩包模特图的效果

下面介绍使用 Midjourney 生成单肩包模特图的具体操作方法。

步骤 01 选中 13.2.2 小节用百度翻译生成的英文关键词并右击，在弹出的快捷菜单中选择"复制"选项，如图 13.8 所示。

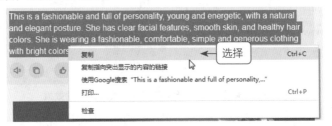

图 13.8 选择"复制"选项

步骤 02 在 Midjourney 主页下面的输入框内输入"/"，选择 /imagine 指令，在输入框中粘贴刚刚复制的英文关键词，如图 13.9 所示。

图 13.9 粘贴刚刚复制的英文关键词

步骤 03 按 Enter 键确认，即可使用 /imagine 指令生成 4 张单肩包的模特图，如图 13.10 所示。

步骤 04 如果对某张图片比较满意，可以单击对应的 U 按钮，查看图片的效果。例如，单击 U4 按钮，图片的具体效果如图 13.7 所示。

图 13.10　生成 4 张单肩包的模特图

🔔 温馨提示

　　有时使用 Midjourney 生成的模特图片可能没有达到预期，此时可以通过单击"循环"按钮 🔄 重新生成图片。如果多次重新生成之后还是不满意，可以尝试调整关键词，再进行生成。

13.2.4　使用 Midjourney 合成模特背包的图片

　　【效果展示】获得单肩包的模特图之后，可以借助 Midjourney 的 /blend 指令将商品图和模特图进行混合。具体来说，使用 Midjourney 合成模特背包图片的效果如图 13.11 所示。

扫码看教程

图 13.11　使用 Midjourney 合成模特背包图片的效果

　　下面介绍使用 Midjourney 生成模特背包图片的具体操作方法。

　　步骤 01　在 Midjourney 中选择 /blend 指令，在出现的两个图片框中添加单肩包参考图和模特图，如图 13.12 所示。

　　步骤 02　连续按两次 Enter 键，Midjourney 会自动完成图片的混合操作，并生成 4 张模特背包的图片，如图 13.13 所示。

图 13.12　添加单肩包参考图和模特图

图 13.13　生成 4 张模特背包的图片

步骤 03　如果对某张图片比较满意，可以单击对应的 U 按钮，查看图片的效果。例如，单击 U3 按钮，图片的具体效果如图 13.11 所示。

13.2.5　使用 Midjourney 调整模特背包的图片

扫码看教程

【效果展示】因为借助 /blend 指令生成的模特背包图片是不能直接设置图片参数信息的，所以有时生成的图片可能达不到要求，此时可以使用 Midjourney 对模特背包的图片进行调整。具体来说，使用 Midjourney 调整模特背包图片的效果如图 13.14 所示。

图 13.14　使用 Midjourney 调整模特背包图片的效果

下面介绍使用 Midjourney 调整模特背包图片的具体操作方法。

步骤 01 单击 13.2.4 小节生成的效果图，会出现该图片的放大图，在放大图中右击，在弹出的快捷菜单中选择"复制图片地址"选项，在 /imagine 指令的后面粘贴刚才复制的图片地址链接，如图 13.15 所示。

图 13.15 粘贴图片地址链接

步骤 02 在粘贴的地址链接后方添加要调整的信息，如 Central composition，4K --ar 3:4，如图 13.16 所示。

图 13.16 添加要调整的信息

步骤 03 按 Enter 键确认，即可使用 /imagine 指令生成 4 张调整后的模特背包图片，如图 13.17 所示。

图 13.17 生成 4 张调整后的模特背包图片

步骤 04 如果对某张图片比较满意，可以单击对应的 U 按钮，查看图片的效果。例如，单击 U4 按钮，效果如图 13.18 所示。

步骤 05 此时，可以单击 Vary (Strong) 按钮或 Vary (Subtle) 按钮。例如，单击 Vary (Subtle) 按钮，即可生成 4 张新的模特背包图片，如图 13.19 所示。

步骤 06 如果对某张图片比较满意，可以单击对应的 U 按钮，查看图片的效果。例如，单击 U4 按钮，图片的具体效果如图 13.14 所示。

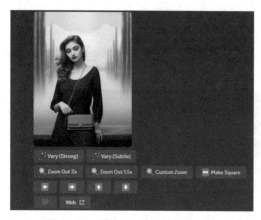

图 13.18　单击 U4 按钮的效果图

图 13.19　生成 4 张新的模特背包图片

🔔 温馨提示

　　Vary (strong) 是强烈变化的意思，单击该按钮之后，会生成 4 张与原图差别较大的图片；Vary (Subtle) 是微妙变化的意思，单击该按钮之后，会生成 4 张与原图差别较小的图片。

13.2.6　使用后期工具制作模特背包图的文案

　　借助 Midjourney 生成模特背包的图片后，可以使用 PS 等后期工具在图片上制作文案。具体来说，使用后期工具制作模特背包图文案的效果如图 13.20 所示。

图 13.20　使用后期工具制作模特背包图方案的效果

13.3　项链模特展示图的制作技巧

　　与单肩包模特展示图的制作方法相同，项链模特展示图的制作也可以分为 6 步。本节将讲解项链模特展示图的制作技巧。

13.3.1　使用 ChatGPT 获取项链模特的形象

【效果展示】可以通过简单地询问 ChatGPT，从其回答中获得项链模特的形象，效果如图 13.21 所示。下面介绍使用 ChatGPT 获取项链模特形象的具体操作方法。

扫码看教程

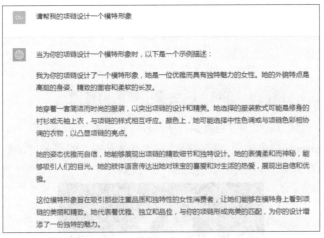

图 13.21　使用 ChatGPT 获取项链模特形象的效果

步骤 01　在 ChatGPT 的输入框中输入项链模特形象的相关关键词，如"请帮我的项链设计一个模特形象"，单击输入框右侧的"发送"按钮 ▷（或按 Enter 键），如图 13.22 所示。

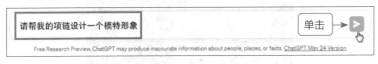

图 13.22　输入关键词

步骤 02　执行操作后，ChatGPT 即可根据要求生成相应的内容，具体效果如图 13.21 所示。

13.3.2　使用百度翻译得到模特形象的关键词

【效果展示】通过 ChatGPT 获取项链模特的形象之后，可以从中提取关键词，扫码看教程
并使用百度翻译将关键词翻译为英文，以便直接在 AI 绘画工具中输入。具体来说，使用百度翻译得到模特形象关键词的效果如图 13.23 所示。

图 13.23　使用百度翻译得到模特形象关键词的效果

下面介绍使用百度翻译得到模特形象关键词的具体操作方法。

步骤 01　从 13.3.1 小节 ChatGPT 的回答中总结出相应的模特形象关键词，如"一位优雅而具有独特魅力的女性，她的外貌特点是高挑的身姿、精致的面容和柔软的长发，她穿着

一套简洁而时尚的服装,她的姿态优雅而自信",并通过百度翻译转换为英文,如图 13.24 所示。

图 13.24　通过百度翻译将模特形象关键词转换为英文

步骤 02　在百度翻译中,对模特形象的关键词进行适当调整,让关键词信息更容易被 Midjourney 识别出来,具体效果如图 13.23 所示。

扫码看教程

13.3.3　使用 Midjourney 生成项链的模特图

【效果展示】通过百度翻译获得模特形象的关键词之后,可以借助 Midjourney 的 /imagine 指令生成项链的模特图。具体来说,使用 Midjourney 生成项链模特图的效果如图 13.25 所示。

图 13.25　使用 Midjourney 生成项链模特图的效果

下面介绍使用 Midjourney 生成项链模特图的具体操作方法。

步骤 01　选中 13.3.2 小节用百度翻译生成的英文关键词并右击,在弹出的快捷菜单中选择"复制"选项。

步骤 02　在 Midjourney 主页下面的输入框内输入"/",选择 /imagine 指令,在输入框中粘贴刚刚复制的英文关键词,如图 13.26 所示。

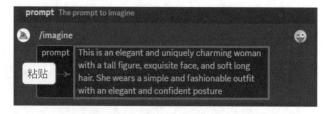

图 13.26　粘贴刚刚复制的英文关键词

步骤 03　按 Enter 键确认,即可使用 /imagine 指令生成 4 张项链的模特图,如图 13.27 所示。

图 13.27　生成 4 张项链的模特图

步骤 04　如果对某张图片比较满意，可以单击对应的 U 按钮，查看图片的效果。例如，单击 U2 按钮，图片的具体效果如图 13.25 所示。

13.3.4　使用 Midjourney 合成模特戴项链的图片

【效果展示】获得项链的模特图之后，可以借助 Midjourney 的 /blend 指令将项链的参考图和模特图进行混合。具体来说，使用 Midjourney 合成模特戴项链图片的效果如图 13.28 所示。

扫码看教程

图 13.28　使用 Midjourney 合成模特戴项链图片的效果

下面介绍使用 Midjourney 生成模特戴项链图片的具体操作方法。

步骤 01　在 Midjourney 中选择 /blend 指令，在出现的两个图片框中添加项链参考图和模特图，如图 13.29 所示。

图 13.29 添加项链参考图和模特图

步骤 02 连续按两次 Enter 键，Midjourney 会自动完成图片的混合操作，并生成 4 张模特戴项链的图片，如图 13.30 所示。

图 13.30 生成 4 张模特戴项链的图片

步骤 03 如果对某张图片比较满意，可以单击对应的 U 按钮，查看图片的效果。例如，单击 U3 按钮，图片的具体效果如图 13.28 所示。

13.3.5 使用 Midjourney 调整模特戴项链的图片

扫码看教程

【效果展示】借助 /blend 指令混合生成的图片，不能直接设置相关的参数信息。当需要调整模特戴项链的图片时，可以使用 Midjourney 输入相关的关键词。具体来说，使用 Midjourney 调整模特戴项链图片的效果如图 13.31 所示。

下面介绍使用 Midjourney 调整模特戴项链图片的具体操作方法。

步骤 01 单击 13.3.4 小节生成的效果图，会出现该图片的放大图，在放大图中右击，在弹出的快捷菜单中选择"复制图片地址"选项，在 /imagine 指令的后面粘贴刚才复制的图片地址链接，如图 13.32 所示。

图 13.31　使用 Midjourney 调整模特戴项链图片的效果

图 13.32　粘贴图片链接地址

步骤 02　在粘贴的地址链接后方添加要调整的信息，如 Central composition, 8K --ar 16:9，如图 13.33 所示。

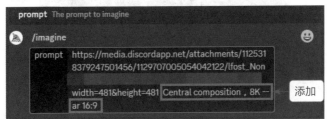

图 13.33　添加要调整的信息

步骤 03　按 Enter 键确认，即可使用 /imagine 指令生成 4 张模特戴项链的调整图，如图 13.34 所示。

图 13.34　生成 4 张模特戴项链的调整图

步骤 **04** 如果对某张图片比较满意，可以单击对应的 U 按钮，查看图片的效果。例如，单击 U3 按钮，图片的具体效果如图 13.35 所示。

图 13.35　单击 U3 按钮的效果图

步骤 **05** 此时，可以单击 Vary (strong) 按钮或 Vary (Subtle) 按钮。例如，单击 Vary (Subtle) 按钮，即可生成 4 张新的模特戴项链图片，效果如图 13.36 所示。

图 13.36　生成 4 张新的模特戴项链图片

步骤 **06** 如果对某张图片比较满意，可以单击对应的 U 按钮，查看图片的效果。例如，单击 U3 按钮，图片的具体效果如图 13.31 所示。

13.3.6　使用后期工具制作模特戴项链图的文案

在模特展示图中，只需通过简单的文案对商品进行介绍即可。具体来说，使用后期工具制作模特戴项链图文案的效果如图 13.37 所示。

图 13.37　使用后期工具制作模特戴项链图文案的效果

电商视频：
使用图文生成动态广告

第 **14** 章

◀》 本章要点

借助剪映的 AI 视频制作功能，可以使用图文素材生成电商视频广告，从而提升电商广告对消费者的吸引力。本章将重点为大家讲解 AI 电商视频广告的设计和制作方法，帮助大家快速获得满意的电商视频广告。

14.1 电商视频广告的设计分析

通常来说，在设计电商视频广告时，需要把握 4 个关键点，即获取高质量的素材、充分展示种草的商品、保证视频的清晰美观和做好后期的剪辑加工。本节将分别进行讲解。

14.1.1 获取高质量的素材

借助剪映等工具制作电商视频广告时通常需要用到文字或图片素材，素材的质量会极大地影响最终的视频效果。所以，在生成视频之前，需要做好素材的收集和制作工作，并保证素材的质量。

14.1.2 充分展示种草的商品

当需要通过视频给消费者种草时，需要在视频中充分地展示商品，让消费者看到商品的卖点。这样做可以更好地体现出商品的优势，从而提升消费者的购买欲望。

因此，在制作电商视频时，一定要特别注意，商品才是视频的主角，视频中的模特、场景和文案等都是为商品服务的。有的电商视频虽然获得了很多流量，但是相关商品的销量却很低，这主要就是因为没有分清楚主次，在视频中过多地展示了其他内容，导致消费者的目光难以聚焦在商品上。

14.1.3 保证视频的清晰美观

无论是什么视频，清晰美观都是最基本的要求。人们在看视频时，往往会根据视频带给自己的感受判断要不要继续看下去。如果一个视频连基本的清晰美观都做不到，那么消费者看了几秒后可能就没有看下去的欲望了。

那么，如何保证视频的清晰美观呢？首先，做好素材的收集和制作工作，保证素材是清晰美观的；其次，在导出视频时要做好参数设置，用较高的分辨率导出视频；最后，通过简单的后期剪辑加工提升视频的美观度。

14.1.4 做好后期的剪辑加工

借助剪映等工具生成的电商视频可能会存在一些不足之处，因此做好后期的剪辑加工是非常有必要的。而且有的商家对于视频的片头、片尾、滤镜、特效和转场等都有一定的要求，这就更有必要做好后期的剪辑加工了。

14.2 零食种草视频制作技巧

只需获得零食种草视频的文案素材（如标题和正文），便可以借助剪映来制作相应的种草视频，本节将介绍相关的操作技巧。

14.2.1 使用 ChatGPT 获取零食种草视频的标题

【效果展示】可以直接在 ChatGPT 中输入相关的关键词，快速获取零食种草视频的标题，效果如图 14.1 所示。

扫码看教程

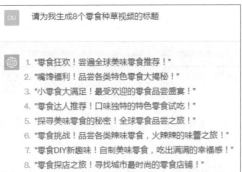

图 14.1 使用 ChatGPT 获取零食种草视频标题的效果

下面介绍使用 ChatGPT 获取零食种草视频标题的具体操作方法。

步骤 01 在 ChatGPT 的输入框中输入零食种草视频标题的相关关键词，如"请为我生成 8 个零食种草视频的标题"，单击输入框右侧的"发送"按钮▶（或按 Enter 键），如图 14.2 所示。

图 14.2 输入关键词

步骤 02 执行操作后，ChatGPT 即可根据要求生成相应的内容，具体效果如图 14.1 所示。

14.2.2 使用 ChatGPT 获取零食种草视频的正文

【效果展示】除了标题外，还可以使用 ChatGPT 获取对应的正文内容。具体来说，使用 ChatGPT 获取零食种草视频正文的效果如图 14.3 所示。

扫码看教程

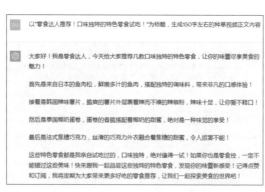

图 14.3　使用 ChatGPT 获取零食种草视频正文的效果

下面介绍使用 ChatGPT 获取零食种草视频正文的具体操作方法。

步骤 01　在 ChatGPT 的输入框中输入零食种草视频正文的相关关键词，如"以'零食达人推荐！口味独特的特色零食试吃！'为标题，生成 150 字左右的种草视频正文内容"，单击输入框右侧的"发送"按钮 ➤（或按 Enter 键），如图 14.4 所示。

图 14.4　输入关键词

步骤 02　执行操作后，ChatGPT 即可根据要求生成相应的内容，具体效果如图 14.3 所示。

扫码看教程

14.2.3　使用剪映一键生成零食种草视频的内容

【效果展示】获取零食种草视频的标题和正文之后，可以使用剪映一键生成种草视频的内容，效果如图 14.5 所示。

图 14.5　使用剪映一键生成种草视频内容的效果

下面介绍使用剪映一键生成零食种草视频内容的具体操作方法。

步骤 01　复制刚刚生成的零食种草视频标题，进入剪映的"首页"界面，单击"图文成片"按钮，在弹出的"图文成片"对话框中粘贴刚刚复制的内容，如图 14.6 所示。

步骤 02 使用同样的操作方法，将零食种草视频的正文粘贴至"图文成片"对话框中，并单击"生成视频"按钮，如图 14.7 所示。

图 14.6 粘贴复制的视频标题 图 14.7 单击"生成视频"按钮

步骤 03 执行操作后，即可在剪映中生成一条零食种草视频，如图 14.8 所示。该视频的相关画面如图 14.5 所示。

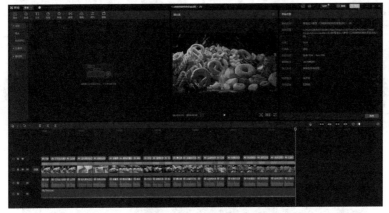

图 14.8 在剪映中生成一条零食种草视频

🔔 温馨提示

剪映会根据粘贴的正文内容自动生成字幕，可以选中对应的字幕条进行修改。如果觉得某些标点符号有些多余，可以直接进行删除。

14.2.4 使用剪映对零食种草视频进行剪辑加工

【效果展示】使用剪映一键生成零食种草视频的内容之后，还可以通过添加滤镜、特效和转场等，对视频进行剪辑加工。具体来说，使用剪映对零食种草视频进行剪辑加工的效果如图 14.9 所示。

扫码看教程

下面介绍使用剪映的"滤镜"功能对零食种草视频进行剪辑加工的具体操作方法。

185

图 14.9　使用剪映对零食种草视频进行剪辑加工的效果

步骤 01 单击"滤镜库"按钮，切换至"美食"选项卡，如图 14.10 所示。

步骤 02 选择合适的滤镜，单击右下角的"添加到轨道"按钮 ，如图 14.11 所示。

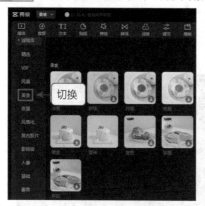

图 14.10　切换至"美食"选项卡

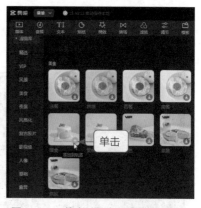

图 14.11　单击"添加到轨道"按钮

步骤 03 执行操作后，会显示对应的滤镜使用范围，如图 14.12 所示。

图 14.12　显示对应的滤镜使用范围

步骤 04 调整滤镜的使用范围，如将其应用到整个视频中，如图 14.13 所示。应用滤镜之后视频的相关画面如图 14.5 所示。

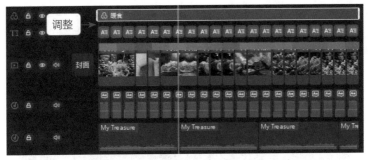

图 14.13　将滤镜应用到整个视频中

14.2.5　使用剪映快速导出零食种草视频

　　使用剪映对零食种草视频进行剪辑加工，如果对视频的效果比较满意，可以使用剪映快速进行导出。

扫码看教程

　　下面介绍使用剪映快速导出零食种草视频的具体操作方法。

　步骤 01　单击剪映视频处理界面右上方的"导出"按钮，如图 14.14 所示。

　步骤 02　在弹出的"导出"对话框中设置视频的导出信息，单击"导出"按钮，如图 14.15 所示。

图 14.14　单击"导出"按钮（1）

图 14.15　单击"导出"按钮（2）

　步骤 03　执行操作后，会弹出新的"导出"对话框，在该对话框中会显示视频导出的进度，如图 14.16 所示。

图 14.16　显示视频导出的进度

187

步骤 04 如果"导出"对话框中显示"发布视频，让更多人看到你的作品吧！"，就说明零食种草视频导出成功了，如图 14.17 所示。此时，单击"打开文件夹"按钮，即可查看已导出的零食种草视频。

图 14.17　零食种草视频导出成功

14.3　生鲜种草视频制作技巧

除了输入文字外，还可以通过导入图片来制作种草视频。本节将以生鲜种草视频的制作为例，为大家讲解具体的操作技巧。

14.3.1　使用 Midjourney 获取生鲜种草视频的素材

【效果展示】可以在 Midjourney 中输入对应的关键词，快速获取生鲜种草视频的图片素材。部分生鲜种草视频的图片素材如图 14.18 所示。

扫码看教程

图 14.18　部分生鲜种草视频的图片素材

下面介绍使用 Midjourney 获取生鲜种草视频图片素材的具体操作方法。

步骤 01 在 /imagine 指令后面输入生鲜的相应关键词，如图 14.19 所示。

图 14.19　在 /imagine 指令后面输入生鲜的相应关键词

步骤 02 按 Enter 键确认，即可根据关键词生成生鲜的图片，如图 14.20 所示。

图 14.20　根据关键词生成生鲜的图片

步骤 03 对关键词进行调整并添加至 /imagine 指令后面，按 Enter 键确认，生成新的生鲜图片，如图 14.21 所示。

图 14.21　生成新的生鲜图片

步骤 04 从这些生成的生鲜图片中选择合适的图片作为种草视频的素材。部分生鲜种草视频的图片素材效果如图 14.18 所示。

14.3.2　使用剪映选择生鲜种草视频的视频模板

借助图片素材快速制作视频的一种有效方法就是直接使用剪映的视频模板。下面介绍使用剪映选择生鲜种草视频模板的具体操作方法。

扫码看教程

步骤 01 在剪映的"首页"界面中单击"模板"按钮，如图 14.22 所示。

图 14.22　单击"模板"按钮

步骤 02 进入模板选择界面，单击对应模板右下方的"使用模板"按钮，如图 14.23 所示。

图 14.23　单击"使用模板"按钮

步骤 03 执行操作后，即可进入该视频模板的使用界面，如图 14.24 所示。可以在该界面中导入素材，并使用模板生成视频。

图 14.24　进入视频模板的使用界面

14.3.3　使用剪映导入生鲜种草视频的图片素材

可以在剪映的视频模板使用界面中快速导入生鲜种草视频的图片素材，具体操作方法如下。

扫码看教程

步骤 01 进入剪映的视频模板使用界面，单击"导入"按钮，如图 14.25 所示。

图 14.25　单击"导入"按钮

步骤 02 在弹出的"请选择媒体资源"对话框中选择要导入的图片素材，单击"打开"按钮，如图 14.26 所示。

图 14.26　单击"打开"按钮

步骤 03 执行操作后，即可将对应的图片素材导入至剪映的视频模板使用界面，如图 14.27 所示。

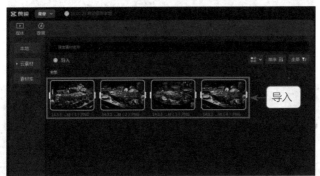

图 14.27　将对应的图片素材导入至剪映的视频模板使用界面

14.3.4　使用剪映快速生成生鲜种草视频的内容

【效果展示】导入生鲜种草视频的图片素材之后，可以将图片素材套入模板中，快速生成对应的种草视频内容，效果如图 14.28 所示。

扫码看教程

191

图 14.28　使用剪映快速生成生鲜种草视频的内容

下面介绍使用剪映快速生成生鲜种草视频内容的具体操作方法。

步骤 01　进入剪映的视频模板使用界面，选中所有导入的素材，单击某个素材右下方的"添加到轨道"按钮●，如图 14.29 所示。

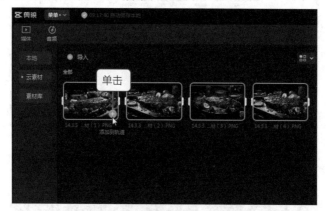

图 14.29　单击某个素材右下方的"添加到轨道"按钮

步骤 02　如果轨道中出现对应的图片素材，就说明图片素材已成功添加至模板中，如图 14.30 所示。

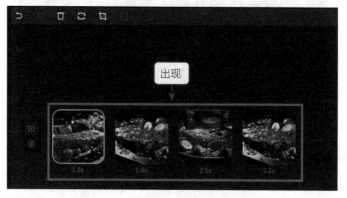

图 14.30　图片素材已成功添加至模板中

步骤 03 单击剪映视频模板使用界面右下角的"完成"按钮，生成视频，如图 14.31 所示。

单击

图 14.31 单击"完成"按钮

步骤 04 执行操作后，如果出现一条视频轨道，就说明使用剪映快速生成生鲜种草视频内容成功了，如图 14.32 所示。此时的视频效果如图 14.28 所示。

视频轨道

图 14.32 使用剪映快速生成生鲜种草视频内容成功

扫码看教程

14.3.5 使用剪映对生鲜种草视频进行剪辑加工

【效果展示】使用剪映一键生成生鲜种草视频的内容之后，适当地进行剪辑加工，可以增加视频的观赏性，让视频对消费者更有吸引力。具体来说，使用剪映对生鲜种草视频进行剪辑加工的效果如图 14.33 所示。

图 14.33 使用剪映对生鲜种草视频进行剪辑加工

下面介绍使用剪映的"特效"功能对生鲜种草视频进行剪辑加工的具体操作方法。

步骤 01 单击视频处理界面左上方的"特效"按钮，进入对应的功能区，如图 14.34 所示。

步骤 02 选择合适的特效，单击右下角的"添加到轨道"按钮 ⊕，如图 14.35 所示。

图 14.34 单击"特效"按钮　　　　图 14.35 单击"添加到轨道"按钮

步骤 03 执行操作后，会显示对应的特效使用范围，如图 14.36 所示。

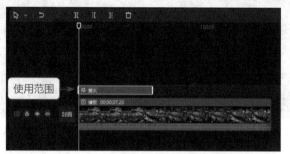

图 14.36 显示对应的特效使用范围

步骤 04 调整特效的使用范围，将其应用到整个视频中，如图 14.37 所示。应用特效之后视频的相关画面如图 14.33 所示。

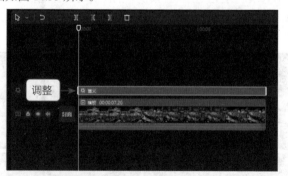

图 14.37 将特效应用到整个视频中

使用剪映对生鲜种草视频进行剪辑加工之后，只需按照 14.2.5 小节中介绍的方法进行导出，即可将生鲜种草视频作为动态广告导出使用。